荥巩矿区岩溶水运移规律及矿井突水机理研究

庞　良　袁巧红　韩国童　朱登杰　编著

黄河水利出版社
·郑州·

内 容 提 要

荥巩矿区在河南省具有独特的区位和煤矿资源优势，并具有独立的水文地质单元。本书运用 GMS 软件模拟岩溶运移规律的手段，较系统地研究了煤层底板岩溶水的运移规律，认为矿井突水主要来源为奥陶系及寒武系碳酸盐岩岩溶地下水，通过矿床底板、断层大流量进入巷道。研究成果表明，通过对矿井采取疏水降压措施，安全开采是可行的；对新开采工作面的物探低阻异常区进行注浆，堵水效果明显。在荥巩矿区开采实践中，本项研究成果起到了很好的指导作用，对类似煤矿企业生产也具有一定的参考价值。

本书可供矿山企业、城镇供水、地矿科研院所等企事业单位从事生产和科研的广大水文地质工作者学习与参考。

图书在版编目（CIP）数据

荥巩矿区岩溶水运移规律及矿井突水机理研究/庞良等编著. —郑州：黄河水利出版社，2011.5
ISBN 978-7-5509-0030-1

Ⅰ.①荥… Ⅱ.①庞… Ⅲ.①岩溶水-矿井突水-研究 Ⅳ.①TD 742

中国版本图书馆 CIP 数据核字（2011）第 066344 号

组稿编辑：王路平 电话：0371-66022212 E-mail：hhslwlp@126.com

出 版 社：黄河水利出版社

地址：河南省郑州市顺河路黄委会综合楼 14 层 邮政编码：450003

发行单位：黄河水利出版社

发行部电话：0371-66026940、66020550、66028024、66022620（传真）

E-mail：hhslcbs@126.com

承印单位：河南地质彩色印刷厂

开本：787 mm×1 092 mm 1/16

印张：10

字数：230 千字 印数：1—1 000

版次：2011 年 5 月第 1 版 印次：2011 年 5 月第 1 次印刷

定价：28.00 元

前 言

根据河南省中原城市群经济隆起带、郑洛工业走廊发展战略的部署，结合荥巩矿区独特的区位和煤矿资源优势，矿区的重要性显得较为突出。煤矿水文地质条件的研究及水害问题的查证，不仅严重影响矿山的正常生产，危及从业工人的人身安全，而且对矿山所在地的生态环境造成严重影响。因此，煤矿水害的治理和研究、恢复生态、水资源的合理利用课题，一直是生产单位和科研机构关注的重点，也是多年来的难点问题。2007～2009年，河南省地质矿产勘查开发局测绘队依据河南省财政厅（豫财办建[2007]412号）文件，组织课题组，实施了对荥巩矿区岩溶水运移规律和矿井充水机理研究工作。

荥巩煤田包括陇海铁路和310国道两侧荥阳市—巩义市段煤矿区，东起郑州市西部须水和侯寨，西至巩义市沙鱼沟和东站镇，南达五指岭，北依汜水镇和郭小寨断层。五指岭断层和荥密复背斜轴部构成岩溶水系统的南部地下水分水岭边界；郭小寨和须水断层构成岩溶水系统的北部边界，属阻水性质；沙鱼沟断层和柳树沟断层构成岩溶水系统的西部隔水边界；薛店断层和李新寨断层及奥灰岩深埋区构成岩溶水系统的东部边界，三李一带泉群构成岩溶水系统排泄区。研究区构成一个独立完整的水文地质单元，总面积约为950 km^2。

目前，荥巩煤田总排水量为6 525～18 398 m^3/h，仅荥阳市总排水量达4 460～11 510 m^3/h。开采岩溶水供水井较少，共6眼，总开采量约2 100 m^3/d。为了保证安全生产，各矿井被迫大功率强排，矿井强排水不仅破坏了水资源的平衡，影响了经济社会和环境效益，而且矿井水资源的利用率低，造成水资源的浪费。

研究认为，矿井突水排水主要来源为奥陶系及寒武系碳酸盐岩岩溶地下水，通过矿床底板、断层大流量进入巷道所致。根据荥巩煤田所处的水文地质条件，属荥密复背斜北翼三李岩溶水系统，为荥密复背斜北翼单斜储水构造，荥巩煤田位于三李岩溶水系统的径流排泄区。本区岩溶地下水的补给方式主要有山区大气降水补给、山地与丘陵分界线附近河谷洪水补给及上覆含水层的越流补给等，其中大气降水为地下水的主要补给来源。岩溶地下水总体流场特征是由南流向北。裸露山区为入渗补给区，岩溶地下水没有统一的流场。进入丘陵埋藏区，岩溶地下水具有统一的流场，在天然条件下，岩溶地下水向东径流，并形成岩溶地下水强径流带，也是荥巩煤田的主采煤区，分布着大小十多个煤矿，煤矿开采大流量强排水，造成地下水位下降，客观上使西部及北部的地下水向东南径流，成为径流—开采型，在三李和米河一带的地貌构造有利部位，以泉的形式排泄。

本项目较系统地研究了荥巩矿区的水文地质条件，分类研究了煤矿的突水情况，运用多种方法相结合判别了突水水源，并对充水途径进行了论证。研究中运用GMS软件模拟岩溶水运移规律，软件具有较强优势。GMS是美国环境模型研究实验室和美国军队排水工程试验工作站，在综合MODFLOW等已有地下水模型的基础上开发的具有综合性和良好图形界面的地下水模拟软件包。其可以采用概念化方式建立水文地质概念模型，使该过程更直观,操作更方便。运用 GMS 进行先粗后细两步模拟,即先以荥巩矿区水文地质单元为计算区建立区域模型,然后以区域模型计算的地下水位或流量作为局部模型的边界条件建立王河煤矿矿区涌水量局部模型。运用局部模型对开采范围内水位降到安全水位时的最大涌水量进行预测,结果可以看出,研究区中上寒武—奥陶系含水层中的水是可以疏降的,通过采取疏水降压措施进行安全开采是可行的。为了减少矿井排水量,本次研究设计了堵水方案模拟,对新开采工作面的物探低阻异常区进行注浆,使其渗透系数减小,堵水实施后矿井排水量明显减少,堵水效果明显。说明本项研究成果已起到了很好的指导作用,在类似煤矿企业生产中具有一定的实用价值。

本项目在研究过程中,得到了中国地质大学(武汉)环境学院的靳孟贵教授、郭会荣副教授的大力指导和协助,得到了中国地质大学(武汉)地质过程与矿产资源国家重点实验室、环境学院教学实验中心的支持和帮助,以及河南理工大学的潘国营教授和王河煤矿卢纪周总工程师的大力协助,得到了王河、新中、徐庄、大峪沟等多个煤矿的大力配合,在此一并表示诚挚的感谢。

本书研究成果可供广大水文地质环境地质工作者,煤矿企业等专业技术人员参考和交流。由于作者水平所限,书中不足之处在所难免,敬请广大读者批评指正。

作 者

2010 年 11 月于郑州

目　录

第 1 章　研究工作概况

1.1　研究目标与内容

荥巩矿区包括王河、新中、徐庄、小关、米河、中原、大峪沟等众多煤矿。本次在荥巩矿区区域条件研究的基础上，重点研究王河煤矿。尽管王河煤矿已经有 40 年的开采历史，但由于开发规模较小，受客观条件限制，基础地质和水文地质工作比较薄弱，对荥巩矿区区域岩溶水水文地质条件的研究还不够系统深入，对于矿井充水条件和突水规律认识不清，因此采掘生产带有一定的盲目性。为了保护并安全开采王河煤矿深部受水害严重威胁的 560 万 t $一_1$ 煤层煤炭资源，提高水害防治水平，使矿井尽快形成生产能力并达到安全生产，在河南省财政厅的大力支持下，河南省地质矿产勘查开发局测绘队开展了本次水文地质调查研究工作。

1.1.1　研究目标

本次工作的主要目标是：在充分收集与分析前人资料的基础上，开展一定范围的荥巩矿区区域及王河煤矿野外水文地质调查工作，进一步查清区域及王河煤矿水文地质条件，分析矿井充水条件及突水规律，在此基础上建立合理可信的矿井涌水量数值模拟模型，预测矿井涌水量，模拟防治水方案，提出矿区水害综合防治措施建议。

1.1.2　主要研究内容

(1) 查明荥巩矿区区域及王河煤矿的岩溶水水文地质条件，包括岩溶水的赋存，岩溶水补给、径流、排泄的特点，岩溶水的动态特点和水化学特征，岩溶水流动系统的划分及特征，岩溶发育规律等。

(2) 查明荥巩矿区区域及王河井田水文地质条件，重点查明深部采区 ±0 m 以下$一_1$煤层顶底板灰岩含水层岩溶发育规律，圈定奥灰岩溶水富水区；分析矿井充水条件及突水规律，评价突水危险性。

(3) 建立荥巩矿区区域和王河矿区水文地质概念模型与数值模型，计算区域水均衡量、预测矿井涌水量，模拟防治水方案，为矿山开采防排水方案及治水方案设计提供依据。

(4) 提出王河煤矿水害综合防治措施建议。

1.2　以往水文地质工作概述

自 20 世纪 60 年代以来，水利部门、地矿部门、煤炭部门在该地区曾先后开展过不同目的的地质、地下水资源勘察评价、煤田水文地质工作，主要进行的工作如下：

(1) 基础地质及煤田地质调查：自 20 世纪五六十年代开始，河南省地质局区调队、水文队及煤田地质队等单位先后完成了1/20万洛阳幅、临汝幅、郑州幅、许昌幅地质普查报告，河南省1/50万地质图及其说明书，荥巩煤田地质勘察和核查报告，2006年《荥巩煤田(荥阳境内)煤炭资源开发规划》等。上述成果对该地区地层分布、岩性、厚度及地质构造等特征都有较为详细的论述。

(2)区域水文地质调查：1995～1996年，河南省地质矿产勘查开发局水文地质二队提交了《郑州市新中煤矿排供水源地扩大开采资源初步评价报告》、《河南省荥阳市水文地质调查报告》和《河南省巩义市水文地质调查报告》；1997年和1999年河南省地矿厅环境水文地质总站分别提交了《河南省新密市区域水文地质调查报告》和《河南省郑州市区域水文地质调查报告》；2005年，郑州市水利局、河南省地质矿产勘查开发局水文地质二队提交了《郑州市地下水资源调查评价报告》。

(3)荥巩矿区水文地质调查：1991年，河南省煤炭科学研究所提交了《荥巩煤田水文地质条件及岩溶水防治研究报告》；1993年，河南省煤田地质局豫中地质勘察工程公司在本矿区进行了补充地质勘探，并提交了《王河煤矿补勘地质报告》；2003～2006年，完成了新中煤矿、王河煤矿、徐庄煤矿、大峪沟煤矿等10余份煤矿核查报告；2006年，河南省郑州地质工程勘察院提交了《河南省荥巩煤田荥阳市煤矿区矿井水资源评价报告》；2007年，河南理工大学完成了《荥巩矿区一$_1$煤开采岩溶水分布运移规律与水害防治对策研究》报告。

以上成果对认识本区的地质、水文地质条件积累了丰富的宝贵资料，奠定了本次工作的基础。但以上资料和成果大多主要体现在区域地质与区域水文地质条件方面，或周边煤矿的零星资料，对王河煤矿水文地质条件缺乏综合性的专题研究，主要表现在：

(1)区域水文地质条件与矿井充水条件的关系不清；

(2)矿区水文地质条件不太清楚，特别是深部采区煤层底板奥灰水赋存规律、矿区断层导水性以及王河矿与周边矿岩溶水的水力联系不清楚；

(3)矿井充水来源、充水途径以及突水规律还有待深入分析；

(4)未用数值模拟技术定量预测矿区涌水量、模拟防治水方案。

因此，针对上述问题，通过深入调查研究，查明区域及矿区水文地质条件和矿坑充水形成条件，是王河煤矿水害防治方案设计和安全采矿的基础。

1.3 研究思路与方法

1.3.1 研究思路

本项目研究以地下水系统理论为指导，充分利用现有勘察资料和研究成果，采用先进的探测及分析测试技术，在区域地下水系统框架下，将野外实地调查和室内综合分析相结合，定性分析和定量计算相结合，分析区域、矿区和矿井等不同范围的岩溶水水文地质条件，重点研究矿区岩溶水富集规律，刻画矿区含水介质结构，分析矿井充水条件和突水规律。在此基础上，建立合理的矿区水文地质概念模型和可信的数值模拟模型，进行矿井涌水量预测和防治水方案模拟，为防水工程设计和施工提供可靠的水文地质依据。研究思路如图1-1所示。

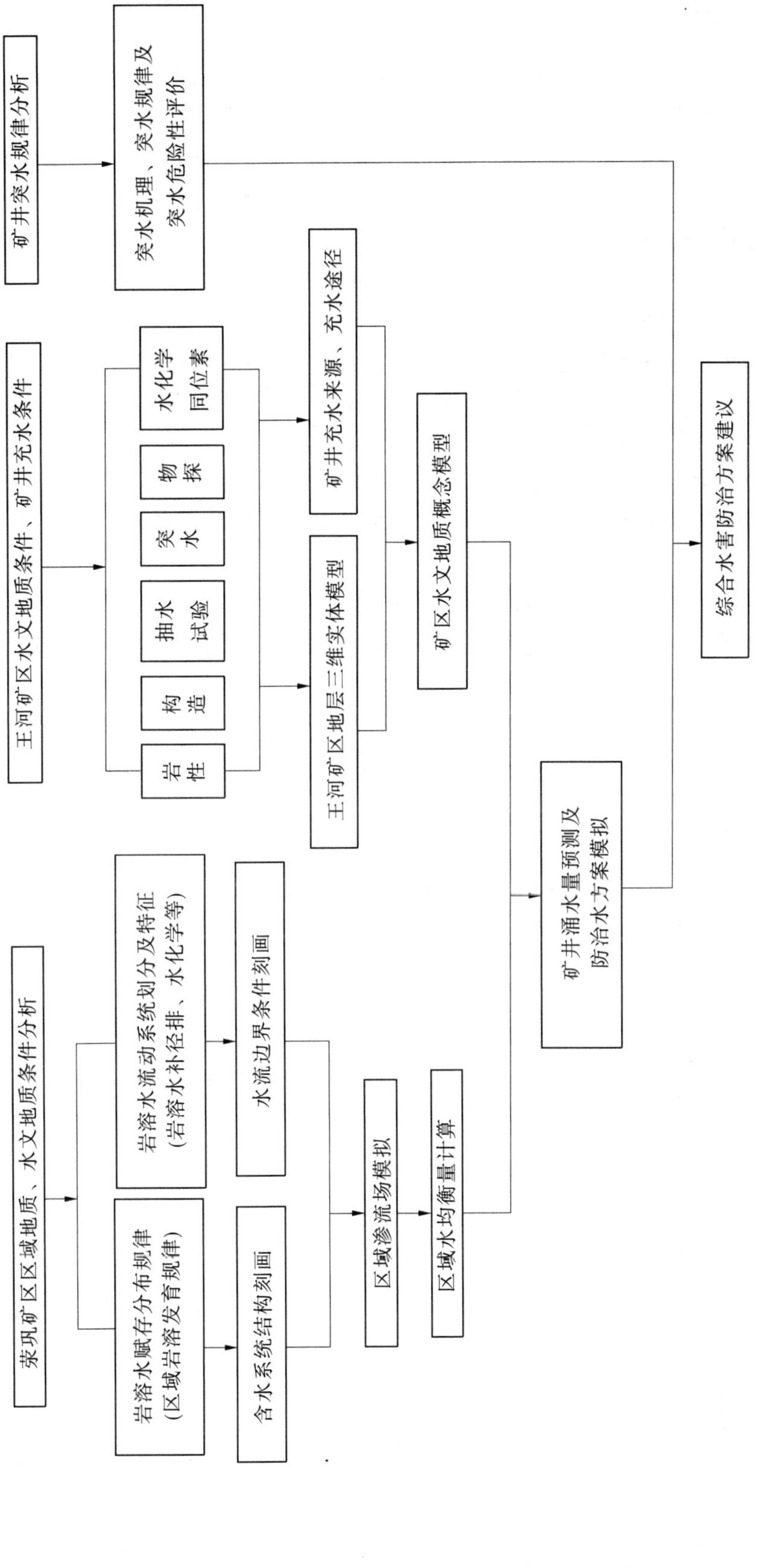

图 1-1　王河煤矿水文地质条件研究思路

1.3.2 研究方法

(1)收集现有勘察资料和前人研究成果并进行系统整理分析。

(2)结合前人研究成果,深入系统地分析区域和王河矿区的气象、水文、地层、构造、钻孔、水文地质等方面的基础资料;通过重点地段的野外水文地质补充调查,查明区域岩溶水的形成条件,总结岩溶发育规律和岩溶水分布规律;通过水样采集与分析,确定不同水源和不同部位地下水的水化学类型及其基本特征,重点利用地下水常规化学组分、微量组分及氢氧稳定同位素组分的水文地质指示作用,判断矿区主要充水岩层的补给条件、天然排泄去路及相互联系,判断目前矿坑水的主要来源。

(3)以历史积累的矿井地质及水文地质资料为基础,采用信息融合技术对矿井充水岩溶含水层进行富水性分区。对岩性、构造、抽水试验、突水、物探(瞬变电磁法)、水动力场、水化学等资料进行信息融合,进行含水层平面和垂向上富水性分区。

(4)通过对突水点分布、突水强度、底板隔水层厚度、岩性、水压、富水性等信息的综合分析,总结矿井充水条件、突水规律和突水机理(水源、通道和水量动态),评价突水危险性。

(5)在准确理解矿区地下水含水系统结构与流动系统的基础上,结合岩溶水动态资料分析,充分利用矿区的抽排水资料,获取水文地质参数,采用地下水数值模拟技术预测涌水量,并对堵水方案进行初步模拟。

1.4 完成的工作量与成果

按照研究计划,项目组成员于 2008 年 7 ~ 12 月,深入现场进行了野外实地调查、测量、水样采集以及井下瞬变电磁物探工作;2009 年 1 ~ 11 月,进行了水样测试、资料整理与分析,并补充和完善了必要的野外工作。主要工作汇总于表 1-1,具体包括如下内容:

表 1-1 主要工作量一览

取大气水、地表水、地下水样	个(组)	测试项目(全分析)	同位素	
	67	37	30	
野外路线调查	地面调查(条)	地质点	水点	长期观测孔
1:50 000 区域水文地质补充测绘	6	255	60	6
1:10 000 矿区水文地质测绘	6	120	20	8
瞬变电磁探测调查	工作面(个)	井下水文地质观测孔(个)		物理点(个)
	5	7		760
室内数值模拟	区域渗流场模拟(km^2)	矿区涌水量模拟(km^2)	堵水方案的模拟(个)	
	857	10	4	
研究报告	份	1		

(1)区域野外水文地质补充调查。调查范围南起区域岩溶水水文地质单元五指岭分水岭(补给区),北至荥巩煤田各矿区,西起大峪沟,向东包括新中矿、王河矿、徐庄矿,一直到荥阳贾峪镇的鹿平煤矿和中原煤矿,总面积 950 km^2。通过野外露头、地下水水化学现场测试和取样、观测井和泉水调查等,掌握了大量的第一手地质和水文地质资料。

(2)收集了工作区 64 个钻孔勘探资料和煤田地质勘探报告中的水文地质条件部分(文字),为含水系统结构刻画以及区域水文地质条件的分析奠定了基础。

(3)收集并整理了王河煤矿及相邻井田(大峪沟、新中、徐庄)历年积累的地质及水文地质资料,尤其是涌水量资料、水位长期观测资料、历年来突水资料及水化学资料。

(4)完成了 37 个地下水和地表水水样的水质全分析和 30 个氢氧同位素样的测试。

(5)进行了 1∶10 000 矿区水文地质测绘。包括地面调查,水样采集和巷道水文地质调查资料的收集。设置了 3 个区域地下水长期观测孔(每 5 天观测 1 次,连续观测半年),收集了 11 个长期观测孔近 2 年的水位资料。

(6)进行了 5 个工作面及 7 个井下观测孔的瞬变电磁勘探工作,共计完成 760 个物理点。

(7)建立了区域岩溶地下水流动模型,对区域渗流场进行了数值模拟;建立了王河矿区详细的水文地质模型,模拟了矿井涌水量,对现有堵水方案进行了评价和模拟。

第2章 荥巩矿区区域自然地理及地质概况

2.1 地形地貌

荥巩矿区地势总体南高北低，由中低山、丘陵过渡到平原，山区与丘陵、丘陵与平原分界明显。海拔1 000 m以上的中山区均位于登封境内；海拔400～1 000 m的低山区位于南部；中部是丘陵区，海拔一般为200～400 m；北部和沿河地带是平原区，海拔在200 m以下，其中大部分在150 m以下（见图2-1）。依据其地貌成因、形态特征及物质组成，可划分为中低山丘陵和平原两大类，其特征分述如下。

图2-1 荥巩矿区区域地形地貌

2.1.1 中低山

中低山主要分布于新密市的北部和巩义市、荥阳市的南部，呈东西向展布，由嵩山、箕山、五指岭诸山组成，如图2-2所示。地面标高1 000～1 512.4 m，相对高差500～1 000 m。地表岩性由太古界、元古界变质岩、岩浆岩及古生界碳酸盐岩组成。嵩山东段主峰部分由下元古界石英岩、石英片岩组成，山顶呈尖棱、齿状，其他山顶由中、元古界层状石英砂岩或碳酸盐岩组成，山顶、山脊平缓。

图 2-2　荥巩南部中低山地形地貌

2.1.2 丘陵岗地

丘陵岗地主要分布于郑州、荥阳、巩义北部黄河南岸，呈近东西向展布。地表岩性为上更新统黄土及黄土状土，组成黄土丘陵地貌景观，如图2-3所示。局部有三叠系砂页岩出露，地面标高200～420 m，相对高度50～100 m，区内冲沟发育，冲沟多成“V”字形，沟深多在30～50 m，黄土柱等微地貌发育。地表向北倾斜，坡降20‰～40‰，地面高程150～500 m，以堆积上更新统风成黄土为主。

(a) 丘陵地貌

(b) 岗地地貌

(c)黄土丘陵地貌

(d) 黄土岗地冲沟中的土柱

图2-3 丘陵岗地与黄土冲沟地形地貌

2.1.3 山前冲洪积平原区

山前冲洪积平原区分布于郑州西、荥阳、巩义等地，地表岩性为上更新统粉土、粉质黏土。地势由山前向平原倾斜，是山区水流挟带泥沙向平原下泄沉积而形成的。地面高程110～140 m，地形平坦开阔，发育有少量冲沟，沟深多在6～8 m，沟壁陡直。

2.1.4 黄河冲积平原区

黄河冲积平原区主要分布于郑州市西流湖以东、黄河大堤以南的广大地区，地面为全新统冲积层覆盖，地形开阔平坦，向东南微显倾斜，地面高程80～120 m。

2.1.5　黄河漫滩区

黄河漫滩区主要分布于黄河南岸黄河大堤以北地区，地面为全新统冲积层覆盖，地形开阔平坦，向东微显倾斜。

2.2　气　象

研究区属北温带大陆性季风气候，春、夏、秋、冬四季分明，多年平均气温 14.3 ℃，极端最高气温 43 ℃，极端最低温度 −19.7 ℃。

多年平均降水量 639.8 mm，最大降水量发生在 1964 年，为 1 049.6 mm，最小降水量发生在 1981 年，为 420.1 mm。荥阳市 1956 ~ 2008 年多年平均降水量见图 2-4。

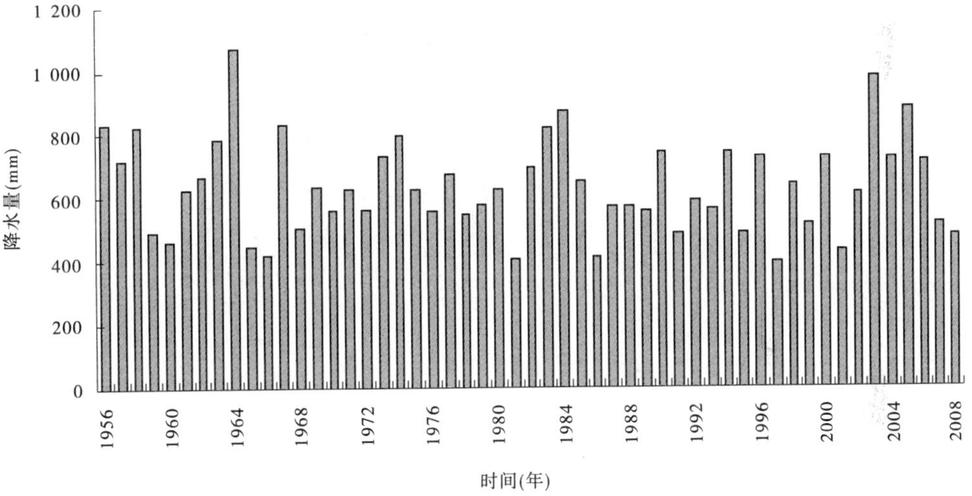

图 2-4　荥阳市 1956 ~ 2008 年多年平均降水量

多年平均降水年内分配的特点表现为汛期集中，季节分配不均匀和最大最小月相差悬殊等。一年四季降水量变化较大，6 ~ 8 月降水最多，降水量为 321.3 ~ 368.7 mm，占全年降水量的 52.4% ~ 54.5%；3 ~ 5 月降水量为 112.5 ~ 137.8 mm，占年降水量的 19.0% ~ 20.5%；9 ~ 11 月降水量为 117.9 ~ 152.8 mm，占年降水量的 20.0% ~ 23.2%；12 月 ~ 翌年2 月降水最少，降水量为 21.4 ~ 34.6 mm，占年降水量的 3.6% ~ 5.2%。郑州市—荥阳站多年平均降水量年内分配见图 2-5，多年平均月降水量分布见图 2-6。

降水的空间分布总体上是呈由南向北逐渐递减的趋势，荥阳市、新密市交界的山区降水量较大。年降水量的低值区分布在巩义、荥阳、郑州的北部黄河沿岸一带。

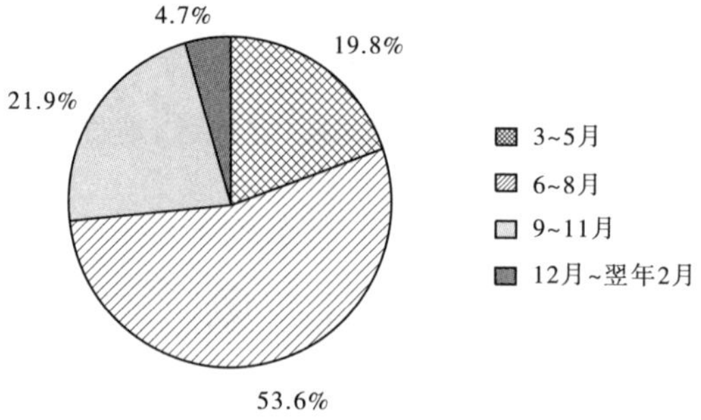

图 2-5　郑州市—荥阳站降水量年内分配

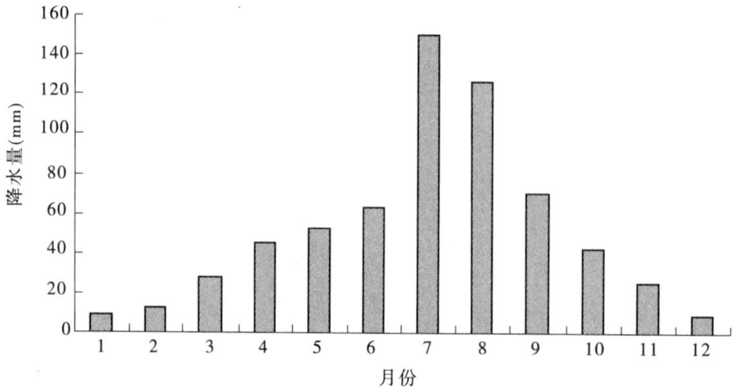

图 2-6　多年平均月降水量分布

2.3　水　文

研究区内地表水系发育，大多河流发育在研究区北部，分属淮河水系和黄河水系。淮河水系和黄河水系以五指岭为界，东边为淮河水系，西边为黄河水系(见图 2-7)。

研究区内主要河流如下：汜水河为黄河水系支流，东支发源于新密市尖山乡田种湾村五指岭北坡，流经荥阳市庙子乡、巩义市米河镇、荥阳市刘河、高阳、峡窝镇，由汜水镇口子村注入黄河；西支发源于新密市尖山乡巩密关村以北五指岭东牛旦山，经仲沟村入巩义市新中镇，流经小关镇，至米河镇两河口村汇入东支。汜水河总长 42 km，流域面积约 560 km^2。

索河为淮河水系贾鲁河上游淮河的三级支流，河流全长 23 km，流域面积 557.9 km^2，是荥阳市和郑州北部的泄洪排涝河道之一。

区内泉水多出露在南部低山基岩裸露区，荥巩煤田东部的三李勘探排泄区曾发育多处岩溶大泉，但由于采煤排水地下水位下降而已经断流。

市区分布 4 座中型水库，主要接纳山区洪水和矿井排水，水库水文特征值见表 2-1。

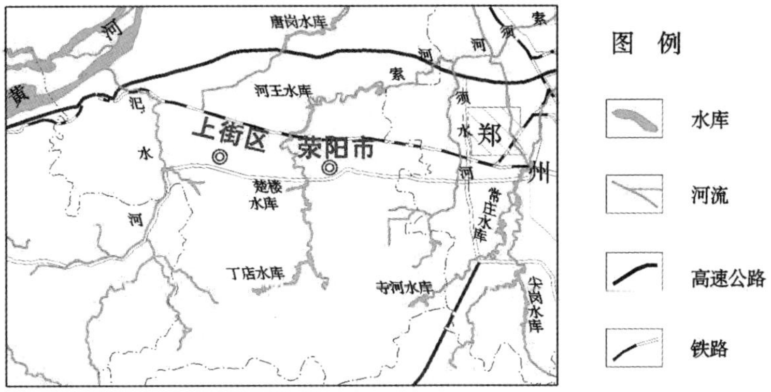

图 2-7　研究区水系分布

表 2-1　中型水库水文特征值统计

水库名称	所在位置			总库容（万 m^3）	兴利库容（万 m^3）	年供水能力（万 m^3）
	河流	水资源四级区	县级行政区			
丁店水库	索河	沙颍河山区	荥阳	6 065.00	3 570.00	560.00
唐岗水库	枯河	小浪底—花园口干流区	荥阳	2 798.00	447.00	400.00
河王水库	索河	沙颍河山区	荥阳	2 257.00	1 263.00	700.00
楚楼水库	索河	沙颍河山区	荥阳	1 885.00	910.00	300.00

矿区范围内无较大河流，多为季节性的小河。距矿区西北约 2 km 处修建有三仙庙水库，水库库区为东西向的不规则长条形状，东西长约 800 m，南北宽 30 ~ 500 m，深度和宽度由西向东渐增，库底最低标高为 190.5 m，水库水体最深处达 12 m，水量的补给主要来自大气降水。矿区中部和南部分别建有王河水库和任洼水库，水量的补给主要来自大气降水和王河煤矿排水，王河水库总库容为 115.03 万 m^3。

2.4　地层岩性

研究区内地层出露比较齐全，元古界、古生界、中生界和新生界都有出露，与华北陆块同一时代分布的地层完全一致，具体包括元古界、寒武系下统、中统和上统、奥陶系中统马家沟组、石炭系中统本溪组（C_{2b}）、石炭系上统太原组（C_{3t}）、二叠系下统山西组（P_{1sh}）、二叠系下统下石盒子组（P_{1x}）、二叠系上统上石盒子组（P_{2s}）、石千峰组（P_{2sh}）、三叠系下统（T_1）、新生界新近系（N）和第四系（Q）。由老至新简述如下。

2.4.1　元古界(Pt)

2.4.1.1　下元古界(Pt_1)

下元古界(Pt_1)主要出露于荥阳南部和登封境内的嵩山、箕山和五指岭一带,厚624～3 083 m,由灰白、灰黄、肉红色石英岩和变质石英砂岩及石英片岩组成。部分混合岩化,为浅变质岩,与太古界呈角度不整合接触。

2.4.1.2　中元古界(Pt_2)

中元古界(Pt_2)分布在嵩山和箕山一带。地层岩性上部为一套灰黄、灰白、紫红色中厚层粗粒石英砂岩、石灰岩,紫红、灰绿色砂质页岩,部分受轻微变质,底部有砾岩;下部为一套灰绿、紫红、深灰色杏仁状安山玢岩、辉石安山玢岩,局部夹砂、页岩、泥板岩及凝灰岩。本套地层与下伏下元古界呈角度不整合接触(见图2-8、图2-9)。

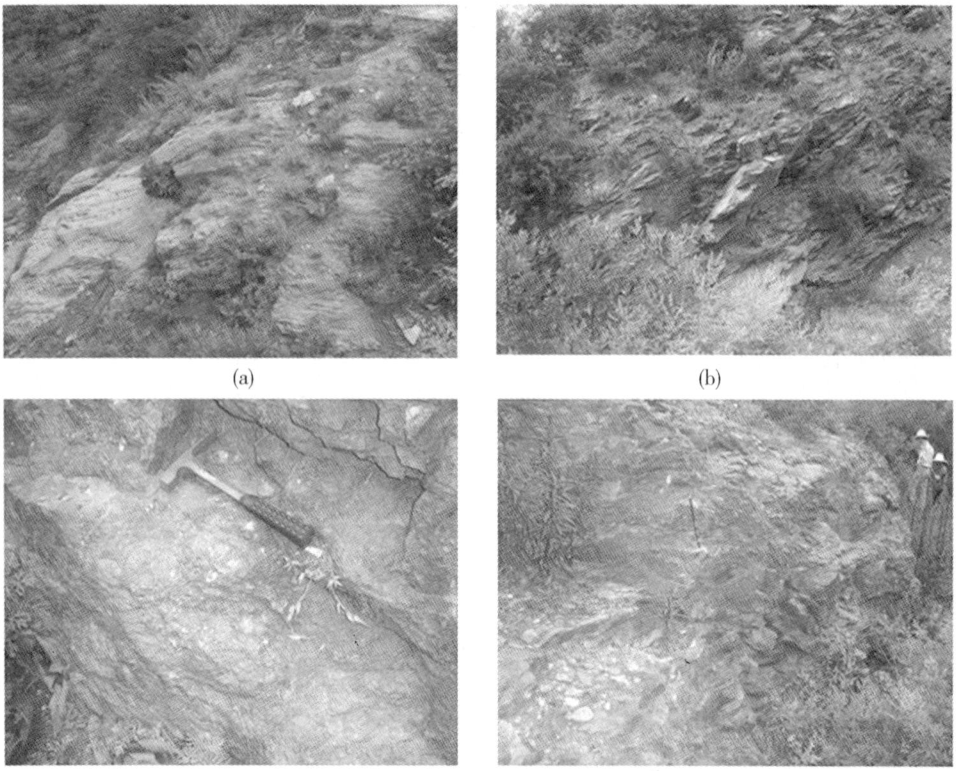

(a)　(b)　(c)　(d)

图2-8　元古界杂色浅变质岩、含砾砂岩

2.4.2　古生界(Pz)

2.4.2.1　寒武系(∈)

寒武系主要分布在巩义的南沟一带和南山口经大峪沟、小关、新中南部,荥阳的庙子、贾峪南部的中低山。

(a)　(b)　(c)　(d)

图 2-9　震旦系红色石英砂岩(上部有约 80 cm 厚的砾岩层,偶见层面上波痕构造)

图 2-10　辛集组上部泥质灰岩夹页岩

(1)下统($\in_1$)。

下统($\in_1$)分为辛集组和馒头组,总厚 68.78 ~ 340.7 m。上部为泥质灰岩夹页岩及薄层致密灰岩;中部为灰、深灰色厚层灰岩、白云质灰岩、豹皮灰岩,常含燧石团块;下部为砂岩或砂砾岩(见图 2-10 ~ 图 2-12)。层状溶蚀裂隙及溶洞发育,著名的雪花洞就发育在辛集组深灰色厚层灰岩中。

(2)中统($\in_2$)。

徐庄组($\in_{2x}$):该组厚 99.17 ~ 348.25 m,底部岩性为紫色页岩和细粒海绿石砂岩互层,往上砂岩减少,灰岩出现;中、上部黄绿色页岩与泥质条带鲕状灰岩互层,局部见有竹叶状灰岩(见图 2-13 ~ 图 2-15)。

张夏组($\in_{2z}$):测区出露面积不大,整合于徐庄组之上,总厚度约 303.52 m,为一套厚层、巨厚层鲕状灰岩,底部稍含泥质和泥质条纹形成斜层理,顶部变成白云岩和鲕状白云岩。溶蚀裂隙及构造裂隙发育(见图 2-16、图 2-17)。

崮山组($\in_{3g}$):该组整合于张夏组之上,厚 209.4 m,为黄绿色薄层泥质白云岩,此层

(a)　　(b)

图 2-11　辛集组中部中厚层致密灰岩

图 2-12　辛集组下部砂岩
（雪花洞东 1 km 左右公路旁）

图 2-13　徐庄组紫色、黄褐色页岩

图 2-14　徐庄组竹叶状灰岩

白云岩含有褐铁质结核，由东往西减少，变为薄板状泥质条带白云岩。

长山组（$\in_{3c}$）：该组岩性为条纹状白云岩，总厚 26.47 m，整合于崮山组之上。

凤山组（$\in_{3f}$）：与下伏地层呈整合接触，厚 105 m。岩性为浅灰色燧石条带及团块白云岩。

2.4.2.2　奥陶系中统（O_{2m}）

奥陶系中统（O_{2m}）主要分布在巩义的关帝庙、凌沟至核桃园一线和巩义的南山口、竹林至荥阳的张青岗一带。与下伏寒武系呈不整合接触，总厚度为 146.68 ~ 204.95 m。下部为薄层灰黄色泥灰岩、角砾状泥灰岩和角砾状碎屑灰岩，局部见砾岩；中部以灰色泥灰岩、厚层灰岩和花斑状灰岩为主，溶蚀裂隙及溶洞发育；上部由灰岩与白云岩互层过渡到以白云岩为主夹少量灰岩，表面有明显的刀砍纹（见图 2-18）。

2.4.2.3　石炭系（C）

石炭系（C）分布在中低山和丘陵交接部位，在矿区均有钻孔揭露，总厚度为 84.14 ~ 90.47 m。

图 2-15　徐庄组紫色页岩、黄绿色页岩夹中薄层灰岩

图 2-16　张夏组厚层灰岩中的鲕粒

(1)本溪组(C_{2b})。

本溪组(C_{2b})主要岩性为泥岩、铝土质泥岩和铝土矿,常呈鲕状、豆状结构。下部和底部有山西式铁矿,呈鸡窝状、团块状、透镜状产出,厚 14.25 ~ 22.68 m。

(2)太原组(C_{3t})。

太原组(C_{3t})为一套海陆相交互地层。荥巩矿区一般可见四层灰岩,第三层灰岩之上有一层厚层深灰色中粗粒石英砂岩,砂岩间夹有砂质泥岩、泥岩和薄层煤,厚 19.84 ~

(a)　(b)　(c)　(d)

图 2-17　王宗店北张夏组灰岩及其溶蚀现象

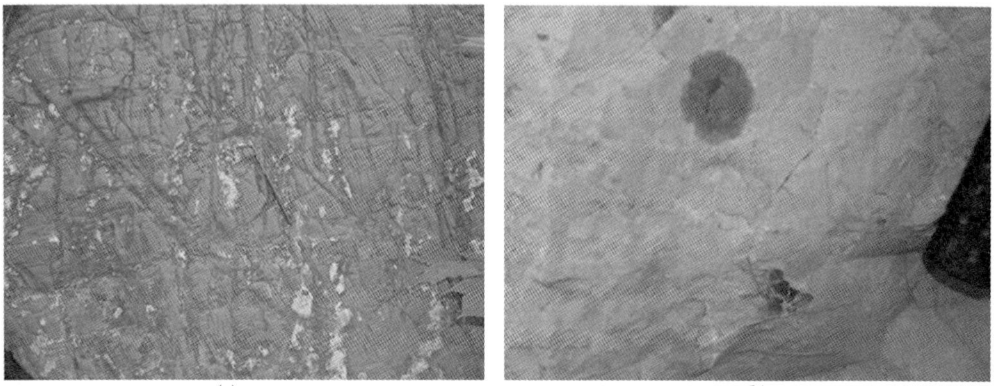
(a)　(b)

图 2-18　奥陶系中统马家沟组白云岩

92.32 m;其他为中细粒砂岩、砂质泥岩、泥岩和煤层,厚 50.5 ~98.29 m,一般 70 m 左右。该组地层含一$_1$ 煤,灰黑色,块状坚硬。

2.4.2.4　二叠系(P)

二叠系主要出露于巩义大峪沟至茶店以北,巩义站街荥阳竹川以南,荥阳万山以西。

(1)山西组(P_{1sh})。

山西组由泥岩、砂质泥岩、细中粒砂岩和一至四层煤组成，为一套包括沼泽相的陆相沉积，分布于区内较大盆地两侧，总厚度为43.02～112.56 m。该组地层含二$_1$煤，灰黑色，粉粒状。

(2)下石盒子组(P_{1x})。

底部为中、粗粒砂岩，往上为鲕状铝土泥岩、砂质泥岩和砂岩，与山西组呈整合接触，和上石盒子组一起分布于区内较大规模向斜的轴部两侧。

(3)上石盒子组(P_{2s})。

下段为灰白、灰绿色中粗－中细粒砂岩和泥岩、砂质泥岩互层，厚度为402～461.77 m；上段为灰白色厚层中－粗粒长石石英砂岩和灰绿、紫红色砂质泥岩，厚度为73 m。

(4)石千峰组(P_{2sh})。

该组在矿区北部零星出露，与上石盒子组呈整合接触。由黄绿、紫红色砂质泥岩、淡黄色厚层细粒长石砂岩、紫红色厚层长石石英砂岩、粉红色细－中粒砂岩与紫红色砂质泥岩互层，厚度为100～300 m(见图2-19)。

图2-19 石千峰组紫红色厚层长石石英砂岩

2.4.3 新生界(Kz)

2.4.3.1 新近系(N)

新近系主要分布在荥阳南部、巩义邙山等地的山前丘陵、坡地和冲沟中，出露较零星。山前冲洪积平原和河谷冲积平原区均被第四系覆盖，地层岩性为棕红色、灰绿色、灰色泥岩、浅黄色及杂色(棕红、灰绿、灰白色)砂质黏土、钙质黏土、泥灰岩、泥质砂、中细砂(岩)及砂卵石层(岩)，多为未胶结或半胶结。

2.4.3.2 第四系(Q)

研究区第四系分布广泛、齐全，厚度较大，成因类型复杂。自下更新统至全新统均有沉积(见图2-20)，与下伏上第三系呈角度不整合接触。

(1)下更新统。

下更新统地表出露面积较小，主要为冰碛、冰水堆积、冲洪积、冲积，局部地区为湖积。冰碛物主要分布于嵩箕山前，为杂色黏土砾石层、棕红色黏土砾石层、砂砾石层和钙质黏土层。砾石大小混杂，排列无定向，半棱角状，砾石中见压裂、擦痕、磨光面、猴石面等冰川地质现象，厚度不一，分布零星，底板埋深多为50～100 m，厚度为5～10 m，与下伏第三系呈不整合接触。

(2)中更新统。

中更新统地表主要出露在低山丘陵区，其成因以坡洪积、冲洪积、冲积为主。冲洪积物分布在山前一带，构成冲洪积扇。岩性主要为棕黄色、黄色黄土状亚黏土、亚砂土及中细砂、砂砾石层，钙质含量高。由山区向平原颗粒逐渐变细，砂层变薄，底板埋深为50～80 m，厚度为30～50 m。

(3)上更新统。

上更新统。主要由冲洪积和冲积物构成。山前冲洪积平原一带多为冲洪积物，嵩山山前多为灰黄色、土黄色黄土状亚砂土，松散具粉土质，部分地段可见2～3层褐棕色古土壤层及钙质结核层，厚度变化大，一般10～20 m。

图2-20 郭庄—老邢一带更新统黄土层及上伏全新统山前冲洪积物

黄河冲积平原主要为黄河冲积物，沉积厚度较大，分布面积广。岩性主要为灰黄色、土黄色厚层亚砂土、粉细砂、中细砂层，具“二元结构”，松散多含分散钙，含砂量一般40%以上，底板埋深为40～90 m，厚度为20～50 m。

(4)全新统。

在山麓地带大面积未接受沉积，只在一些河谷中有薄层的砂砾石堆积。黄河冲积平原广泛分布着黄河冲积物，岩性为灰黄色轻亚砂土、亚砂土与厚层的粉细砂、细砂层，具“二元结构”，可见1～2层淤泥层，颜色以灰、黑、黄灰色为主，厚度一般为15～20 m，最厚可达40余m。

2.5 地质构造

王河煤矿地处荥巩矿区中部，位于华北板块南缘的嵩箕构造区之嵩箕断隆内荥密背斜的北翼，基本构造形态为地层走向近东西、倾向北、倾角5°～20°的单斜构造；区域上构造行迹以断层为主，按其展布方向，大致可分为近东西向、北西向和北东向三组，其中近东西向断层最为发育，构成煤田的基本构造格架。区内主要褶皱有荥密背斜，主要断层有五指岭断层、柳树沟断层、郭小寨断层、须水断层等(见图2-21)。研究区自东往西发育有徐庄滑动构造、大峪沟滑动构造等数个滑动构造。

在印支期，由于华南、华北两板块碰撞，引起板内形变，在南北向挤压应力场下形成嵩山—荥密背斜。燕山早期，在北西向主压应力作用下，区域上形成走向北西的大型平移断裂五指岭断层和郭小寨断层。燕山早期末，平移作用造成的表层滑脱面上的地体为重力激活而运移，形成了区内的徐庄滑动构造和大峪沟滑动构造。燕山晚期，在北东、南西向挤压应力作用下形成了柳树沟断层、沙鱼沟断层及李新寨断层，断距均为1 000 m左右。喜山期，在太平洋板块俯冲作用下，北东向断裂有所复活，北西部柳树沟断层上盘略沉降，区内大部地层被新生界掩盖。

2.5.1 褶皱

区内褶皱主要为印支期近东西向挤压构造背景下形成的荥密背斜，荥密背斜位于嵩山山系五指岭山地的腹部，属于嵩山背斜的东延部分。褶皱轴呈EW向，全长40 km，西

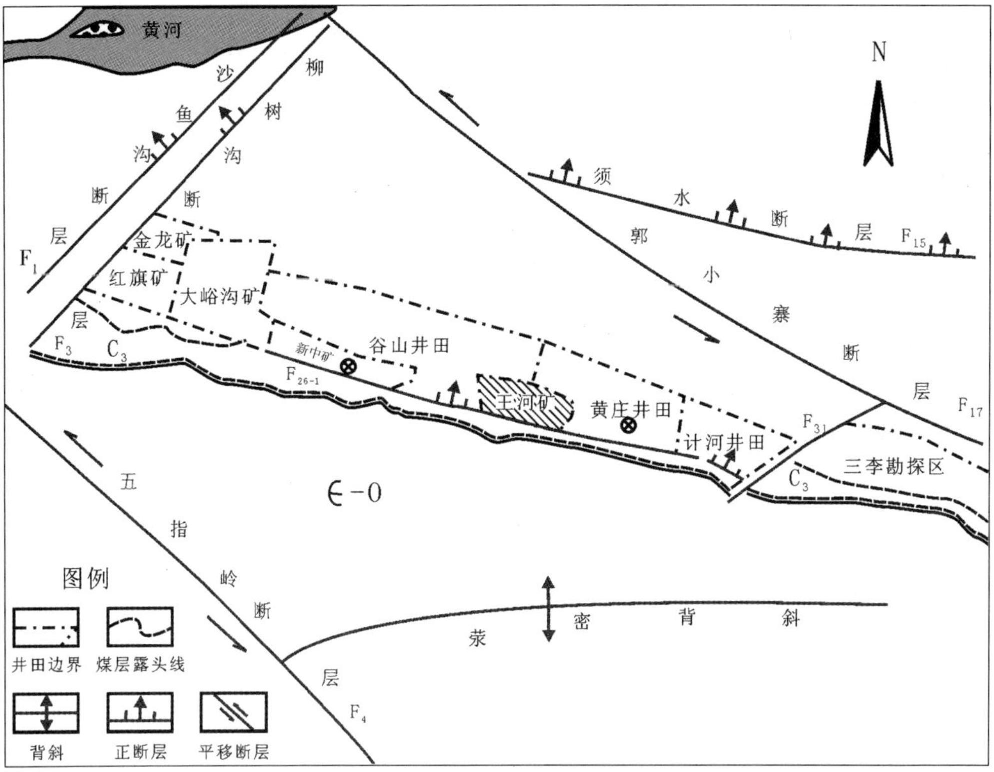

图 2-21　研究区构造纲要

端被五指岭断层截接，向东经崔岗、圣水峪至三李附近逐渐倾伏于新生界地层之下。背斜核部为元古界（嵩山群）、震旦系、寒武系地层，两翼依次为奥陶系、石炭系、二叠系及三叠系地层，北翼地层倾角 10° ~ 15°，南翼倾角 30°，轴面略向北倾斜。

2.5.2　断层

2.5.2.1　**五指岭断层（F_4）**

五指岭断层出露于巩义青龙山至五指岭一带，向 NW 方向延伸，隐伏于第四系和第三系地层之下，全长约 130 km，切割了元古界和古生界地层，总体走向为 315°，断层面北段倾向南西，中段近直立，南段倾向北东，倾角较陡，一般为 70° ~ 80°，地表形成宽达 300 m 左右的北陡南凹的断裂谷地。五指岭断层具有左行平移断层性质，水平断距约 6 km。它切割了寒武系、奥陶系和石炭系地层。断层破碎带宽约 100 m，其内次级断裂和揉皱等构造现象异常发育。五指岭断层既是偃龙井田与荥巩井田的分界，也是两水文地质单元的地表水和地下水分水岭。

2.5.2.2　**郭小寨断层（F_{17}）**

郭小寨断层位于研究区北部，地表被新生界地层掩覆，构成荥巩煤田北部边界。根据物探资料，断层北西自张红沟起，南东到又冢止，长约 40 km。其东南端交于薛店断层，走向沿 NW300°方向延伸，倾向南西，倾角为 60° ~ 70°，全长约 50 km。断层切割古生界及中生界地层，落差大于 300 m。北东盘上升，南西盘下降，为一条规模较大的正断层。

2.5.2.3 须水断层（F_{15}）

须水断层位于研究区北部，断层西起张寨，西端与郭小寨断层断层相接，向东经须水向郑州方向延伸，全长 30 km。断层走向近东西，倾向北，断距大于 1 000 m。钻孔和物探资料证实，为南升北降的正断层，该断层在重力异常显示近东西向的梯度带，于地震剖面上有明显显示，奥陶系反射界面明显错动。

2.5.2.4 柳树沟断层（F_3）

柳树沟断层是一条区域性的大断层，构成荥巩煤田北西部边界。走向北东 30°，倾向北西，倾角为 65° ~ 75°，延伸长度大于 25 km。上盘 0501 孔 574.58 m 终孔，层位为三叠系下统刘家沟组金斗山砂岩（T_{11}），下盘 0509 孔 741.40 m 终孔，层位为 O_{2m}。推测该断层落差约 1 100 m。

2.5.2.5 沙鱼沟断层（F_1）

沙鱼沟断层与柳树沟断层同性同向。断层总体走向 30°，倾向 NW，倾角大于 80°，为压扭性非全新活动断裂。断层大部分在第四系之下，仅在南山口附近表现清晰。根据钻孔资料，白河附近的 001 孔和 002 孔均见三叠系地层，与其东部的 103 孔揭露的 P_2^1 地层明显不连续，为北西盘下降、南东盘上升的正断层，断层落差约 500 m。

2.5.2.6 李新寨断层（F_{31}）

李新寨断层位于研究区西部，构成计河井田与三李井田的分界。断层走向北东，倾向北西，北西盘下降，南东盘上升，落差 90 m，为正断层。该断层大部被新生界断层覆盖，仅在西南端马蹄沟附近见奥陶系灰岩与寒武系鲕状灰岩接触，钻孔 13201 孔、13301 孔、13302 孔、13402 孔及 13503 孔证实，二$_1$ 煤层不连续。

2.5.2.7 大峪沟滑动构造（HF_1）

荥巩井田滑动构造发育，西部有大峪沟滑动构造，东部有徐庄滑动构造。滑动构造的主滑面位于二$_1$ 煤层顶板附近，受滑动构造的控制，使二$_1$ 煤层附近普遍发育一条低角度断裂，在其上、下形成两个截然不同、互不协调的构造层。二$_1$ 煤层及其以下地层构造简单，地层产状与区域地层产状基本一致，为倾向 NE15° ~ 20°、倾角 10° ~ 20°的单斜构造。二$_1$ 煤层及其以上地层形成轴向近东西的不对称滚卷背斜形式，覆盖于煤层之上，产状发生逆转，倾向变为南西，倾角较陡甚至直立，导致地层层序紊乱，产状突变，与下伏地层产状不吻合。

大峪沟滑动构造地表展布范围为：北起菜园沟断层（F_{15}），南止于将军岭断层，西起柳树沟断层（F_3），向东延伸出区外。区内南北宽 1 300 ~ 1 800 m，东西长 2 700 m，面积约 3.3 km^2。滑动构造的主滑面位于下石盒子组到山西组中下部，缺失地层 40 ~ 109.36 m，滑动方向由北东向西南，属燕山早期重力作用下形成的表层断裂。

2.5.2.8 徐庄滑动构造（F_{26-1}）

徐庄滑动构造西起巩义茶店，向东经翟沟、计河井田浅部的栗树沟往顶延伸至三李勘探区。在茶店东河、翟沟学校、崔庙水泥厂等地，均可见到滑动构造露头，走向东西，倾向与二$_1$ 煤层一致，延伸长度 40 km。滑动构造露头附近，滑动面是由一系列倾向相同、斜列式排列的次级滑动面构成的，这些次级滑动面向井田深部逐渐收敛合拢，至二$_1$ 煤层附近时,切断了二$_1$ 煤层,逐渐发展成顺二$_1$ 煤层顶板向深部发展的主滑动面,其产状与二$_1$ 煤层一致,倾向 NE15° ~20°,倾角 10° ~20°。滑动构造上盘由二$_1$ 煤层上覆地层组成,包括二叠—三叠系砂岩、泥岩互层,下盘为二$_1$ 煤层及其下伏地层。

徐庄滑动构造使王河、计河矿区二$_1$ 煤层及其以上地层结构、产状、构造发生了改变,其表现在以下几个方面:

(1)上盘地层向深部滑移的过程中,岩层受到强烈的扰动,发育了大量滑面和构造裂隙,局部地段发生了小型错断和层间滑动,形成较多的破裂岩和薄层角砾岩,如计河井田 13209 孔,在二$_1$ 煤层顶板破碎带之上 53. 53 m、77. 72 m 和 115. 24 m 处分别发育了厚为 3. 98 m、2. 65 m 和 1. 08 m 的断层角砾岩。

(2)受断层滑动影响,二$_1$ 煤上覆地层产生了不对称背斜(西段双楼背斜,东段为盆窑背斜),覆盖在二$_1$ 煤层之上,与下伏地层产状不协调。背斜轴向呈东西向,轴面略向北倾,规模与滑动构造覆盖范围一致。核部地层为上石盒子组上段,向两翼依次为石千峰组和三叠系圈门组。两翼地层产状不同,北翼倾角 30°,局部 45° ~50°,北翼地层产状与下盘地层逐渐趋于一致。

(3)滑动构造上下盘之间存在厚度较大的破碎带。破碎带底界面沿二$_1$ 煤层顶板向深部延伸,局部下插至二$_1$ 煤层底板,使二$_1$ 煤形成面积较小、轴向与煤层走向一致的薄煤带或无煤带。

(4)二$_1$ 煤因受挤压和搓揉,原生结构受到破坏,变为粉粒状及鳞片状,煤层中发育大量构造裂隙、滑动面及褶曲。二$_1$ 煤层顶板岩层破碎,构造岩发育,断层带厚度一般为 10 ~40 m,最厚达 82. 23 m。

第 3 章　荥巩矿区区域水文地质条件

本章在充分收集前人资料的基础上，结合本次水文地质补充调查，包括地面调查、水样水化学与同位素取样分析测试等，主要论述荥巩矿区区域水文地质条件，并重点分析岩溶水系统。

3.1　地下水的赋存及分布规律

研究区地下水按照含水介质类型可以分为元古界基岩裂隙水、碳酸盐岩类岩溶水、碎屑岩类裂隙水和松散岩类孔隙水四个类型。下面按照含水岩层形成的地质时代由老到新介绍各类地下水。

3.1.1　元古界基岩裂隙水（Pt、Z）

元古界基岩裂隙水主要赋存于元古界石英砂岩、砂质页岩、变质石英砂岩中的风化裂隙和构造裂隙之中，分布于荥密复背斜轴部一带。裂隙发育程度受岩性、构造、气候、地形、变质程度等条件的控制，空间分布不均匀。荥密复背斜核部为构造应力集中部位，故构造裂隙较发育，如尖山至五指岭村再到洪河水库一带的丘陵区和山间凹地分布有千枚岩、绢云母片岩和石英砂岩，其中的风化裂隙发育，风化带厚度为 10 m 以上，赋存裂隙潜水，主要接受大气降水的补给，在地形低洼处或沟谷两岸山坡等处以泉形式排泄于地表，如五指岭泉（见图 3-1）及洪河山庄出露的两个泉，泉流量一般小于 0.1 L/s，表明该含水层属弱含水层。

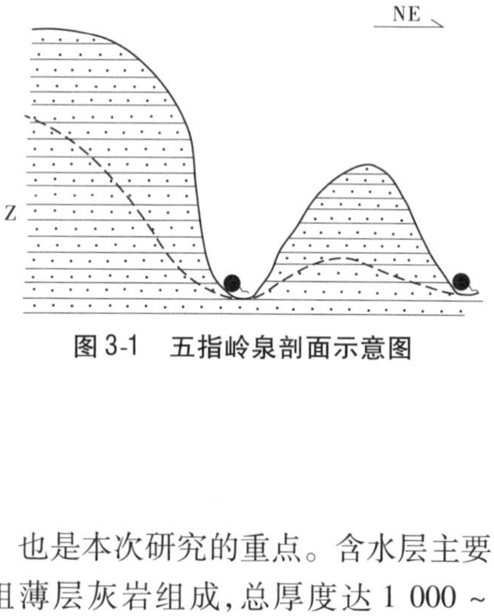

图 3-1　五指岭泉剖面示意图

3.1.2　碳酸盐岩类岩溶水（$\in_{1x}$—O_{2m}、C_{3t}）

碳酸盐岩岩溶水是研究区矿井充水的重要水源，也是本次研究的重点。含水层主要由寒武系灰岩、白云岩、奥陶系灰岩和石炭系太原组薄层灰岩组成，总厚度达 1 000 ~ 1 300 m。含水岩层在南部山区直接出露地表，为岩溶潜水；到山前丘陵区碳酸盐岩层埋藏于石炭—二叠和新生界地层之下，表现为岩溶承压水。根据地层时代、岩性、岩溶发育等条件，将整个碳酸盐岩类含水岩组划分为以下组段。

3.1.2.1　**寒武系下统辛集组含水层（$\in_{1x}$）**

寒武系下统辛集组含水层由深灰色厚层状灰岩和白云岩组成，厚度为 20. 13 ~ 59. 16 m，平均为 47 m，分布于荥密背斜轴部。受轴部张裂隙的影响，该层岩溶发育，为一强含水层。在后寺河、老君庙、神仙洞等地地表可见 1 ~ 7 m 高的溶洞，如龙溪宫（见图 3-2），地表溶洞约10 m高,洞内发育石笋、石冠等钙华现象。该层出露的代表性泉有庙子圣母池泉、神仙洞泉等,其中圣母池泉流量为150 L/s(2008年7月20日)(见图3-3),丰水期流量可达500 L/s,枯水期会断流。

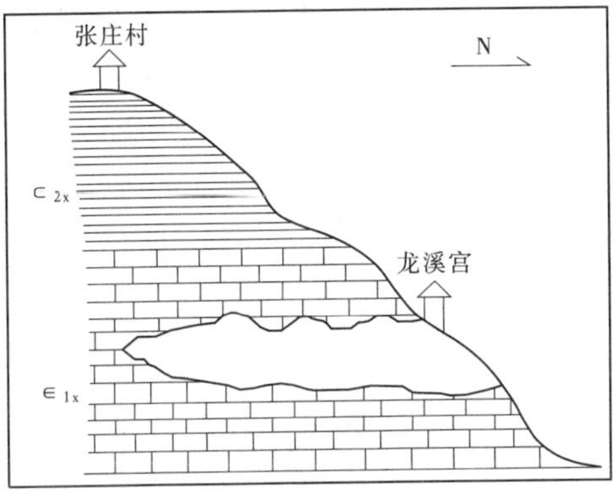

图3-2　龙溪宫地质剖面示意图

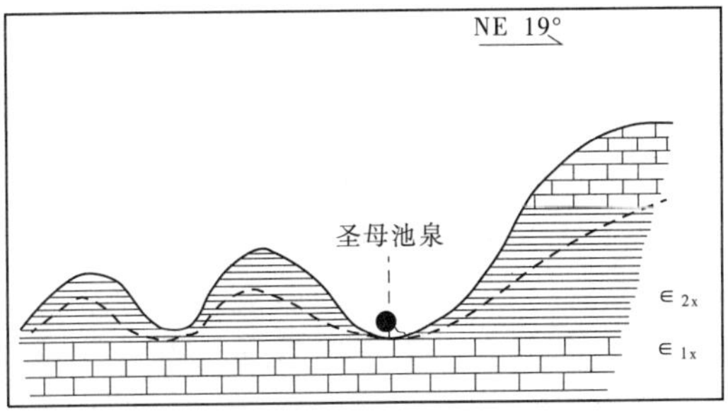

图3-3　圣母池泉地质剖面示意图

3.1.2.2　寒武系中统张夏组含水层($\in_{2z}$)

寒武系中统张夏组含水层由厚层鲕状灰岩、白云质灰岩组成,大面积出露于南部基岩山区,厚度约237 m。岩石可溶性强,表面风化严重,有较多的溶蚀裂隙,溶洞发育,其中在小龙池、水头河南岸、王宗店等地可见1~2 m高的溶洞。出露的泉数量多且流量大,如小龙池泉(见图3-4)、石门泉、西流泉(见图3-5)、王宗店泉等。小龙池泉流量最大,1982年8月24日实测流量为810 L/s,目前泉常年不断流,平水年流量为200 L/s。该层为一强含水层。

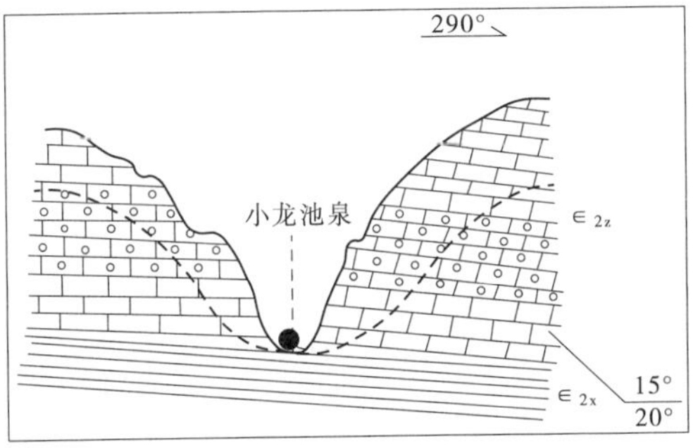

图3-4　小龙池泉地质剖面示意图

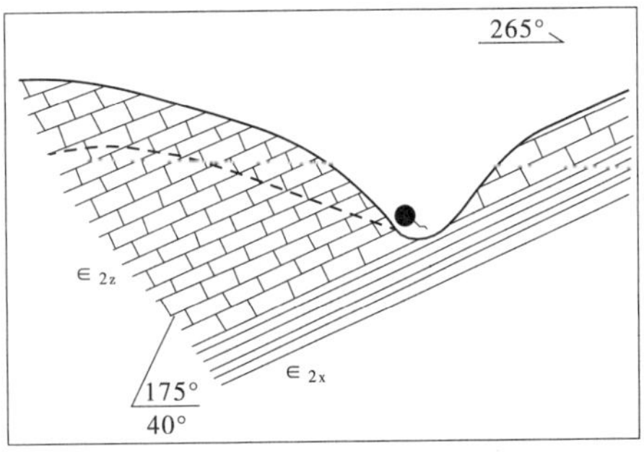

图3-5　西流泉地质剖面示意图

3.1.2.3　寒武系上统—奥陶系灰岩含水层($\in_3$—O_{2m})

寒武系上统—奥陶系灰岩含水层由寒武系上统白云质灰岩、白云岩和奥陶系中统马家沟组中厚层状灰岩、角砾状灰岩组成,厚度为140~545.6 m,可分为裸露型和埋藏型。

裸露型含水岩组呈条带状出露于山区前缘,面积为83.2 km^2。地表岩溶以溶蚀裂隙和溶孔为主,偶见小型溶洞。出露泉较少,泉流量一般小于10 L/s(如翻花泉),含水层富水性中等,其中赋存岩溶潜水。

埋藏型含水岩组分布在荥巩矿区各井田煤系地层上下。根据钻孔资料,岩溶裂隙中等发育,但岩溶发育具强烈的非均质性。奥陶系灰岩含水层顶界面以下20~30 m范围内发育古岩溶,溶洞高 0.1 ~ 1.0 m,最大达 4.65 m(12802 孔),部分溶洞、溶隙被黏土、铝土矿等充填。各煤矿一$_1$ 煤采掘过程中发现,以奥陶系灰岩为水源的突水,突水强度、突水频率、突水点的分布等差别很大。根据抽水试验结果,单位涌水量为 0.5 ~ 11.69 L/(s · m),导水系数为 186.48 ~ 345.19 m^2/d。通常在较大的河谷和构造破碎带附近,岩溶发育程度高,泉流量大。如位于矿区东部的三李泉群,为岩溶上升泉,20 世纪 50 年代流量达到 2 264 L/s,泉口标高 174 ~ 178 m,大约在 1987 年以后,由于矿区开采影响,泉水断流。

3.1.2.4 **石炭系中统灰岩含水岩组(C_{3t})**

石炭系中统灰岩含水岩组依岩性和含水性可分为上下两段:下段由 L_{1-2} 灰岩和胡氏砂岩组成,是一$_1$ 煤层的直接顶板充水含水层。该层厚度较小,但层位稳定,岩溶裂隙较上段发育。由于出露条件差,未发现泉水。该含水层受奥陶系灰岩水的顶托补给,据钻孔抽水资料,单位涌水量为 0.007 21 ~ 0.114 L/(s · m)。

上段灰岩含水层由砂质泥岩、灰岩、泥岩和砂岩组成,夹灰岩 2 ~ 3 层。灰岩岩溶不发育,据钻孔抽水资料,单位涌水量为 0.000 3 ~ 0.001 13 L/(s · m)。

3.1.3 碎屑岩类裂隙水(C—P)

碎屑岩类裂隙水主要赋存于石炭系—二叠系中厚层砂岩裂隙中,包括二$_1$ 煤层顶板的大占砂岩和香炭砂岩、下石盒子组砂锅窑砂岩、上石盒子组田家沟砂岩、石千峰组平顶山砂岩等。各层砂岩含水层之间分布有泥岩和砂质泥岩隔水层,故水力联系差。裂隙发育微弱,张开性差。在山区的二叠系地层裸露区,有很多裂隙泉,但泉水流量很小。在山前的矿区中,该层地下水已疏干,对一$_1$ 煤生产影响不大。

3.1.4 松散岩类孔隙水(N—Q)

松散岩类孔隙水赋存场所为全新统、上更新统、中更新统、下更新统各种成因的松散沉积物的粒间孔隙。含水层厚度大,分布广泛。按埋藏深度可分为浅层、中深层两个含水层。

浅层含水岩层受地貌、地质和水文地质条件的影响,富水性空间分布不均。其中在黄河南岸荥阳市王村东一线河漫滩区水量极丰富,含水层岩性主要为粗中砂、中细砂,其次为细砂、粉细砂,厚度一般为 30 ~ 50 m,单井涌水量为 3 049 ~ 4 781 m^3/d,局部大于 5 000 m^3/d。西部伊洛河冲洪积平原、汜水河河谷地段,含水层岩性以砂、砂卵砾石为主,含水量丰富,单井涌水量为 1 000 ~ 3 000 m^3/d,渗透系数为 20 ~ 70 m/d。在荥阳市、郑州市西部区山前冲洪积倾斜平原区与黄河冲积平原区及伊洛河河谷平原的边缘地带,水量中等;在黄土丘陵区含水层岩性以黄土状粉土、泥质砂、含泥质砂卵砾石、姜石为主,水量贫乏,由于部分含水层被疏干,含水层厚度一般小于 15 m,单井涌水量小于 1 000 m^3/d。

中深层含水岩组是指埋藏在 60 ~ 350 m 之间的层状孔隙承压含水岩组。由于其所处地貌位置不同,含水层岩性及单井涌水量有较大差异,其中在巩义市山前冲洪积平原前缘回郭镇、巩义城区及荥阳市城区一带单井涌水量较大。巩义市山前冲洪积平原前缘回郭镇一带,含水层岩性以砂、砂砾石为主,含水层埋深 60 ~ 100 m,350 m 深度范围内含水层厚 20 ~ 80 m;巩义城区含水层为下更新统中细砂、粗砂、砂卵砾石层,多含泥质,局部半胶结,200 m 深度内有 3 ~ 8 层含水层,总厚度 30 ~ 60 m,单井涌水量一般为 1 000 ~ 3 000 m^3/d,水位埋深 60 ~ 90 m。荥阳城区含水层岩性以中砂、中粗砂、砂砾石为主,水位埋深 30 ~ 70 m,含水层厚度为 50 ~ 85 m,单井涌水量为 1 000 ~ 3 000 m^3/d。单井涌水量中等区主要分布在巩义市山前冲洪积平原、东部黄土丘陵区,荥阳市、郑州市上街区的山前冲洪积平原及黄土丘陵区的大部分地区,该区含水层为中更新统、下更新统细砂、中砂层,厚度为 10 ~ 80 m,水位埋深为 60 ~ 100 m,单井涌水量为 100 ~ 1 000 m^3/d。

3.2　岩溶水的补给、径流与排泄

寒武—奥陶系灰岩岩溶水和石炭系薄层灰岩岩溶水是王河矿井主要的充水水源,因此本节仅分析岩溶水的补给、径流和排泄特征。

研究区边界的大断层、背斜、分水岭等构成岩溶水系统的自然边界,使区域岩溶水成为一个相对独立的地下水系统,具有独立的补给、径流和排泄条件。

其中,西部边界由五指岭断层、柳树沟断层组成。五指岭断层走向近东西,倾向南西,断距 300 ~ 1 200 m(见图 3-6)。该断层具有两方面的水文地质意义:第一,断层与荥密背斜相交处,地表出露的地层为元古界震旦系石英砂岩,构成标高 800 ~ 1 400 m 以上的山脊,不仅是黄河水系和淮河水系地表水的分水岭,也是偃龙矿区和荥巩矿区两个岩溶水系统的分水岭;第二,在五指岭断层与柳树沟断层相交端,五指岭断层上盘的二叠系地层与其下盘寒武系灰岩对接,限制了奥灰水向西及西北方向运动,从而起到隔水边界的作用。柳树沟断层走向 NE30°,倾向北西,断层断距约 1 100 m,是一条区域性的大断层,构成荥巩煤田北西部边界。北西盘煤系地层与南东盘奥陶系灰岩接触,限制了奥灰水向西及西北方向运动,起到隔水层的作用。

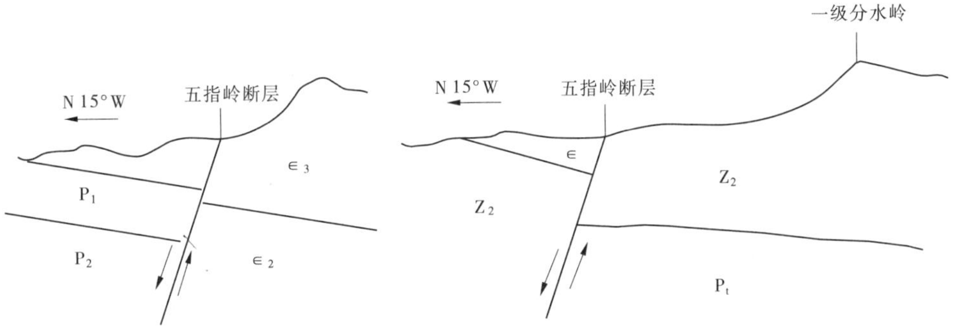

图 3-6　五指岭断层两盘地层接触关系示意图

东部以地下分水岭为界;南部以荥密背斜及地表分水岭为界,荥密背斜以南为偃龙矿区岩溶水系统,以北为荥巩矿区岩溶水系统;北部以郭小寨断层及须水断层为边界,郭小寨断层及须水断层切割元古界、古生界及中生界地层,使得南西盘的煤系地层与北东盘的震旦系的砂页岩对接,从而起到隔水边界的作用(见图 3-7)。

研究区岩溶地下水的补给方式主要以山区大气降水补给为主,其次为山地与丘陵过渡区河谷洪水入渗补给及上覆含水层的越流补给等。

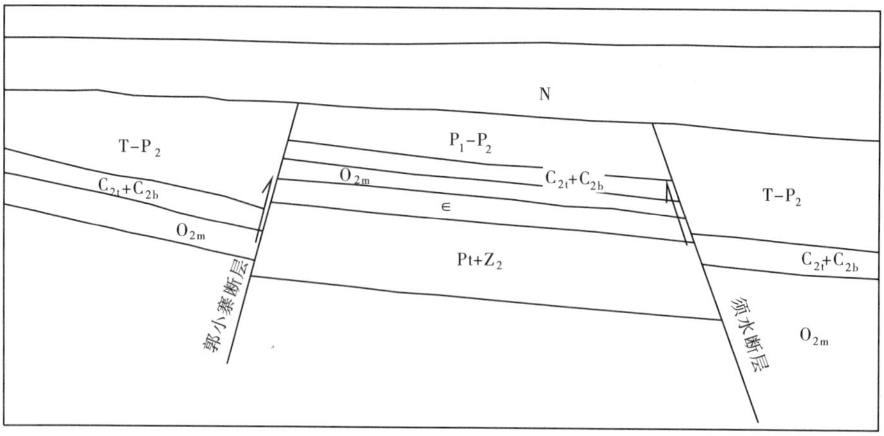

图 3-7　郭小寨断层及须水断层两盘地层接触关系示意图

研究区南部山区寒武—奥陶系灰岩直接出露地表，分布面积达 283 km^2。野外调查发现，灰岩地表岩溶现象发育，广泛分布各种溶蚀裂隙、溶蚀沟和地表溶洞，这些地表岩溶有利于大气降水入渗补给，构成岩溶水的补给区。另外，在矿区南部山前地带可溶岩地层覆盖在第四系地层之下，间接接受大气降水的补给。

岩溶水在山区获得大气降水的补给后，在区域地表分水岭范围内形成多层次地下水流动系统（见图 3-8）：一部分降水入渗补给沿着地层倾斜与地形坡降方向自南向北、自西向东径流，径流强度受地形控制，当运动到合适的地形地貌、构造、岩溶等有利部位，一部分岩溶水便以泉的形式溢出地表，形成了小龙池泉、庙子泉、西流泉等许多岩溶泉（见表 3-1）。徐庄组地层以北出露的灰岩接受大气降水入渗补给后，绝大部分岩溶水向北径

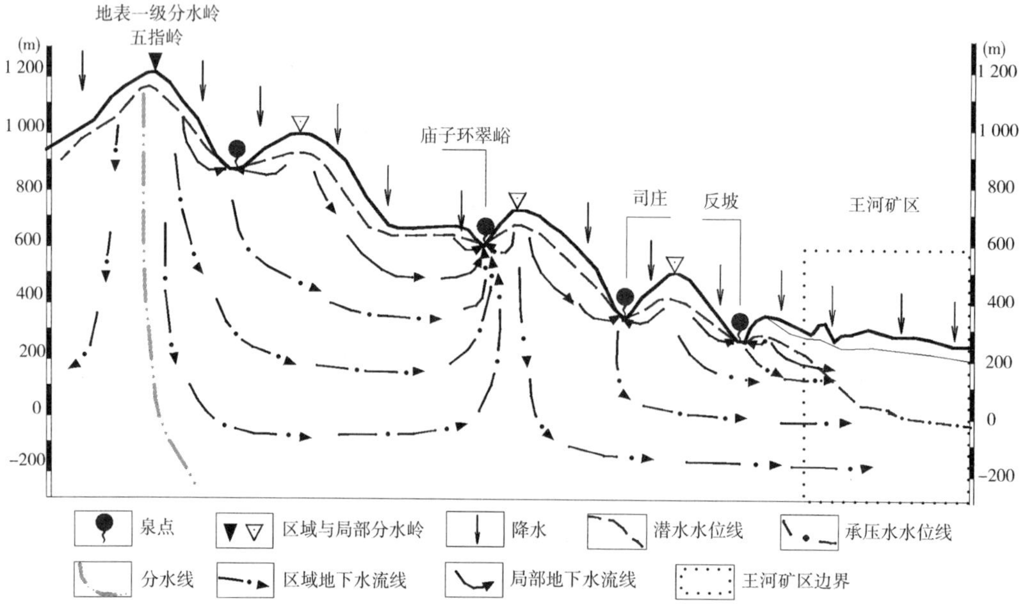

图 3-8　区域岩溶水系统地下水补给径流与排泄模式

流进入山前矿区,天然条件下受东西向构造裂隙发育带的影响,岩溶水沿新中—三李一带的岩溶水强径流带自西向东径流,在三李一带以岩溶大泉的形式向外排泄。由于矿井长期排放岩溶水,岩溶水水位持续下降,目前三李一带岩溶泉水已经断流,天然排泄量减少,各矿区的矿井排水已经成为岩溶水排泄的主要途径。另有零星的人工开采排泄。

表 3-1　研究区主要岩溶泉调查统计

编号	泉名称	出露地层	标高(m)	流量(L/s)(2008 年 7 月测)
1	五指岭泉点	震旦系砂岩	1 111	<1
2	涉村红土岭泉点	寒武系辛集组	708	<1
3	洪河山庄泉点	震旦系砂岩	686	<1
4	小龙池泉	寒武系张夏组	328	810
5	老庙村东堤坡泉	寒武系辛集组	570	<1
6	龙溪宫泉	寒武系辛集组	439	<1
7	栗树村老河沟泉	寒武系辛集组	687	<1
8	圣母池泉	寒武系辛集组	290	105
9	槐莲坡泉	寒武系张夏组	276	<1
10	西流泉	寒武系张夏组	346	<1
11	袁庄乡槐阴寺泉	寒武系徐庄组	357	<1
12	王宗店泉	寒武系徐庄组	277	<1
13	王泉村泉	寒武系张夏组	327	<1
14	龙泉寺泉	寒武系徐庄组	428	<1
15	牛家沟泉	寒武系徐庄组	350	<1

通过现有观测孔水位资料,可宏观地认识与分析整个荥巩矿区岩溶水渗流场特征。金龙矿有一个奥灰水观测孔,距离金龙矿主井口 200 m,自 2006 年 1 月开始每 10 天观测一次水位;大峪沟矿没有奥灰水位长期观测孔;新中矿现有 4 个奥灰水观测孔,分别是 6806 孔、7208 孔、7806 孔、8600 孔,一直在连续观测水位;王河矿 2008 年打了 7 个井下水文观测孔监测水压。另外,北部的花河煤矿井筒自 2005 年开始观测奥灰水水位。徐庄矿没有奥灰水水位观测孔,通过附近的顺发井估计奥灰水水位。综合历年来水位、矿井排水等方面的资料,对整个荥巩矿区内地下水渗流场时空特征分析总结如下:

在矿井长期疏干排水影响下,全区岩溶水位出现了整体下降格局,其中新中矿和王河矿矿井排水量最大,占全矿区排水总量的 60% 左右,故水位以新中—王河矿为中心,形成了沿山前东西向展布的椭圆状下降漏斗,目前漏斗中心水位 -30 m 左右(见图 3-9)。由于荥巩矿区自西向东各矿田岩溶含水层透水性及矿井涌水量不同,漏斗中又有三个水位下降漏斗,分别是大峪沟水位下降漏斗、新中西翼—王河水位下降漏斗及徐庄水位下降漏斗。这说明,区域排泄中心已经由原来的三李岩溶泉,演变成以大峪沟、新中—王河矿、徐庄矿为主的矿井排水,岩溶水自漏斗外围向漏斗中心径流。矿区南部至漏斗中心地下水径流强度大。

综上所述,目前区域地下水的排泄方式主要是矿井排水,其次是泉排泄及少量人工开采。

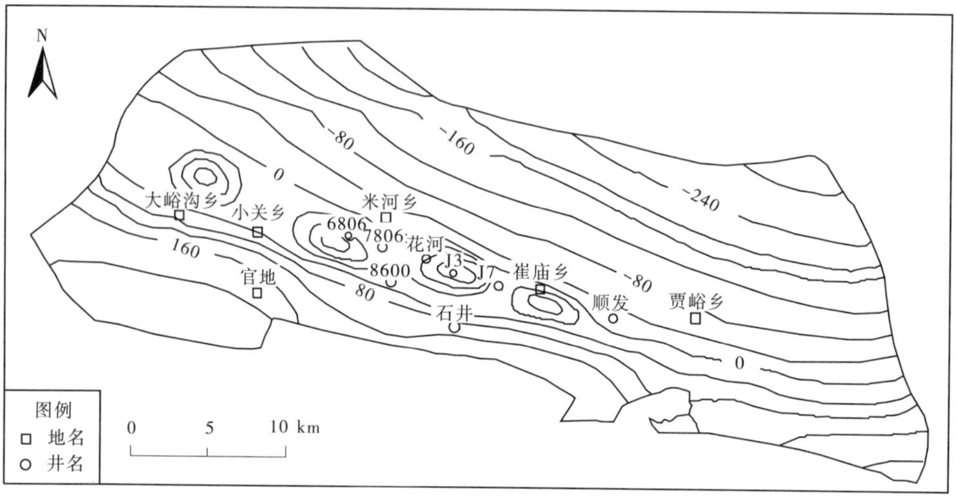

图 3-9　区域地下水等水位线(2008 年 11 月)

3.3　岩溶水动态

区域岩溶水系统主要补给来源为大气降水,主要排泄方式为矿井排水,因此地下水动态受降水和人为排水的影响,其类型为气象—开采型和径流—开采型。

3.3.1　气象—开采型

气象—开采型主要分布于南部寒武—奥陶灰岩出露的广大山区。该区地下水动态变化主要受降水影响,开采条件受开采量的影响。

如圣母池泉流量动态类型就是典型的气象—开采型。据调查,旱季(7 月 15 日前)由于持续干旱,圣母池泉不能自由出流,需要水泵抽取才能采水,此时岩溶水不以泉出露,而以井的方式供当地居民用水。在雨季(7 ~ 10 月),圣母池泉流量动态受降雨影响呈现波峰—波谷的地下水动态类型。从图 3-10 可以看出:7 月 15 日降雨后,泉开始出流,随着降雨的持续(7 月 17 ~ 22 日降雨),流量增大,至 7 月 22 日左右泉流量达到一个峰值;当降雨结束,泉流量开始减少;到 9 月中旬后,受降雨入渗补给的影响,泉流量又上升出现另一个波峰。随着旱季到来,降水补给减少,泉流量变小,甚至干涸。

石井村机井水位动态与圣母池泉流量动态类似。从图 3-11 中可以看出,7 ~ 11 月受两次降水过程的影响有两个明显的波形。7 月 22 日左右受 7 月上旬降雨的影响水位较高,另一个水位高峰在 10 月初,主要受 9 月中下旬降水的影响,其他时刻主要受开采的影响略有波动。

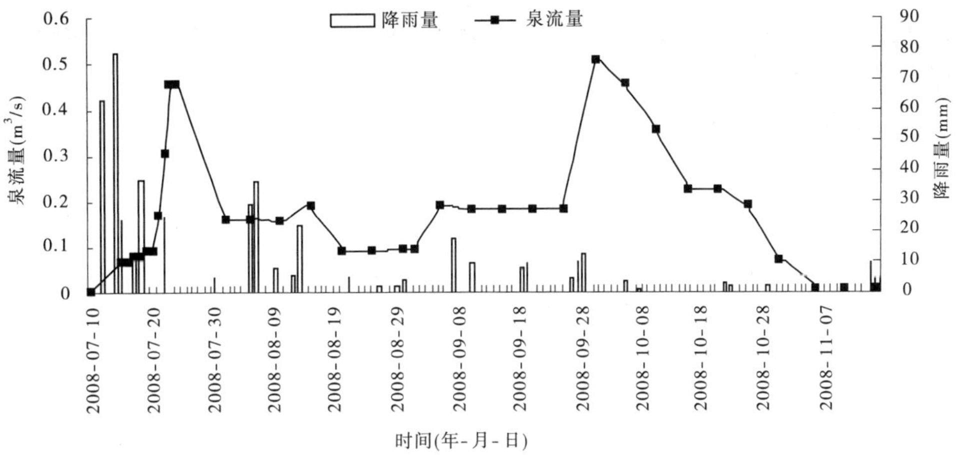

图 3-10　庙子圣母池泉 2008 年 7 ~ 11 月流量动态与降雨量关系曲线

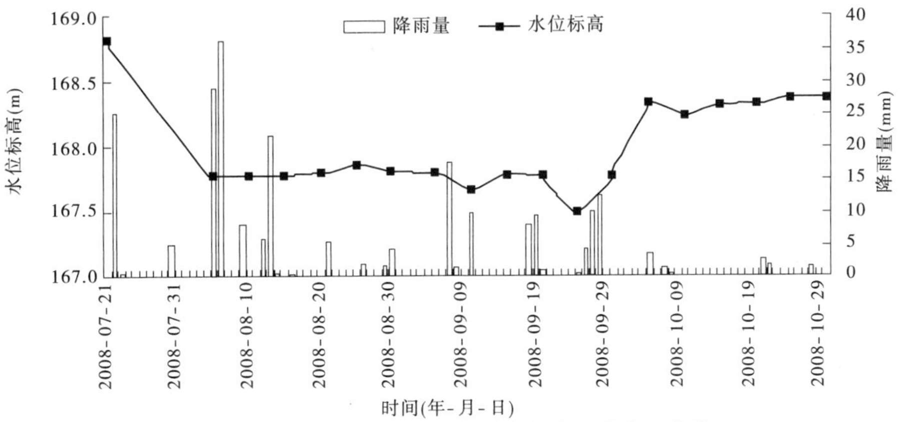

图 3-11　石井村机井地下水动态与降雨量关系曲线

3.3.2　径流—开采型

径流—开采型主要分布于山前丘陵区，它位于荥巩煤田的主采煤区，分布着大小几十个煤矿，煤矿开采大流量强排水，造成地下水位下降，汇流西部及南部的地下水。

3.3.2.1　多年动态变化特点

图 3-12 为新中矿 7806 长期观测孔多年岩溶水位与矿井涌水量及降雨量的关系曲线。从图中可以看出，自 1987 年以来，矿井涌水量（主要是新中和王河矿之和）总体逐渐增加，岩溶水位持续下降。1987 ~ 1990 年，平均年降水量 610.6 mm，矿井涌水量达到 1 630 ~ 1 900 m³/h，平均 1 815 m³/h，岩溶水位在 170 ~ 145 m 之间变化，平均 157 m，水位降幅达 25 m。1991 ~ 1999 年，平均年降水量 569.2 mm，小于多年平均降雨量，矿井涌水量为1 700 ~ 2 340 m³/h，平均 2 050 m³/h，岩溶水位降到 120 ~ 55 m 之间，水位降幅达 65 m；尤其在 1991 ~ 1993 年间由于矿井涌水量增加较大，水位急剧下降；1994 ~ 1999 年随着涌水量逐步稳定（略有下降），岩溶水位也趋于稳定（略有上升），平均水位约 80 m。2000 ~ 2008 年，随着煤炭开采量增加，矿井涌水量增加，岩溶水位又持续下降，水位降幅

达 75 m,年均下降 10 m 左右,2008 年年底新中矿一带最低水位已经降至 -30 m,与 1987 年相比累计水位降幅达 200 m。2008 年 5 月新中岩溶水位与矿井涌水量急剧下降,这主要与大峪沟此间发生的突水有关,2008 年 5 月 14 日,大峪沟 27 采区 27130 工作面于 -198 m处突水,初期突水量为 2 600 m^3/h 左右,稳定时 2 500 m^3/h。

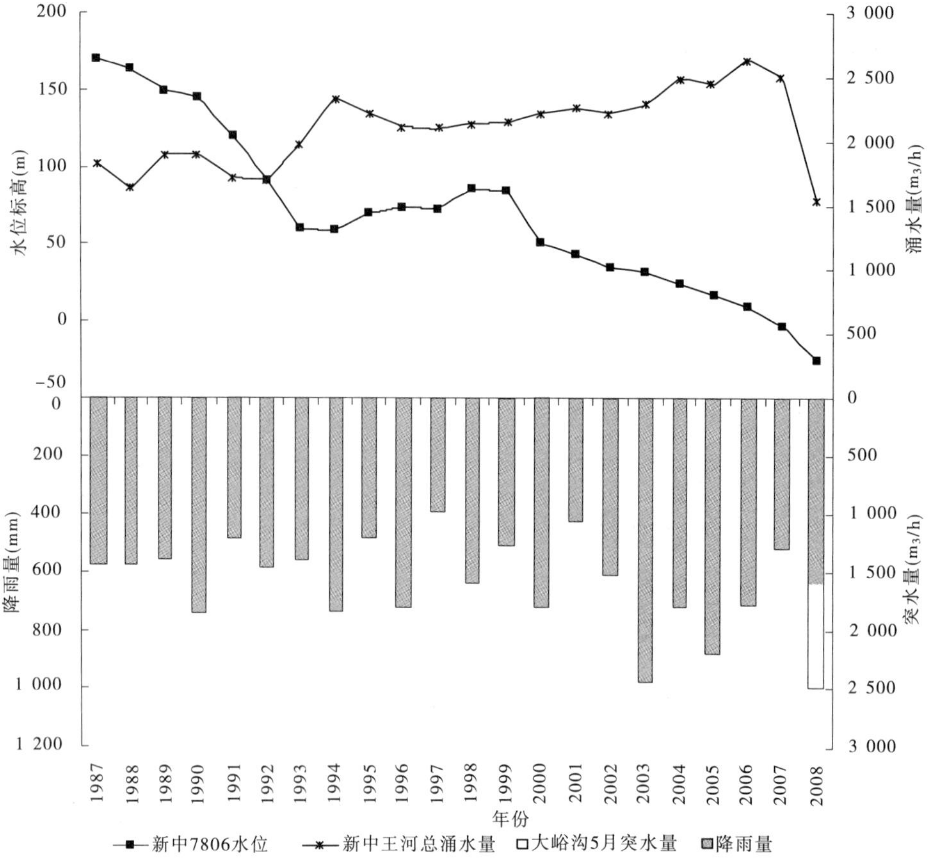

图 3-12　新中矿 7806 长期观测孔多年岩溶水位与矿井涌水量及降雨量的关系曲线

综上所述,地下水位持续下降主要受矿井排水影响。从整个荥巩矿区排水量及新中王河矿历年排水量可以看出:1999 年以来随着煤炭市场形势火爆,小煤窑数量增加,开采量增加;另外,由于王河、新中矿煤层开采水平加深,矿井涌水量增大,因而奥灰岩溶水水位下降幅度较大。水位总体持续下降的同时,年间有忽上忽下的波动,这主要是受降雨的影响,年降雨量大时水位回升,年降雨量小时水位略下降。

多年来水位持续下降,说明岩溶水系统的排泄量超过补给量,岩溶水系统处于负均衡状态,正在消耗储存量。

3.3.2.2　年内季节性动态变化特点

岩溶水水位在逐年下降的大趋势下,一个水文年内随降水量的季节变化而波动(见图 3-13)。每年 6 ~ 10 月的丰水期为水位上升期,此间岩溶水获得大气降水补给,水位上升,至 10 月下旬上升至全年最高水位。如 6806 孔水位汛期明显上升。11 月至次年 6 月为水位下降期,因持续性的矿井排水,水位下降。年内水位变幅与丰水期降水量大小密切相关。从图3-13可以看出，5～8月涌水量急剧下降，从5月的807 m^3/h降至8月的103.5 m^3/h，降幅达703.5 m^3/h，平均每月下降176 m^3/h，但岩溶水水位并没有出现上升现象，反而急剧下降，下降幅度达19.05～30.25 m。这主要与大峪沟2008年5月14日发生的突水有关，说明岩溶水位的变化不仅与本矿排水量有关，还受相邻矿井排水的影响。

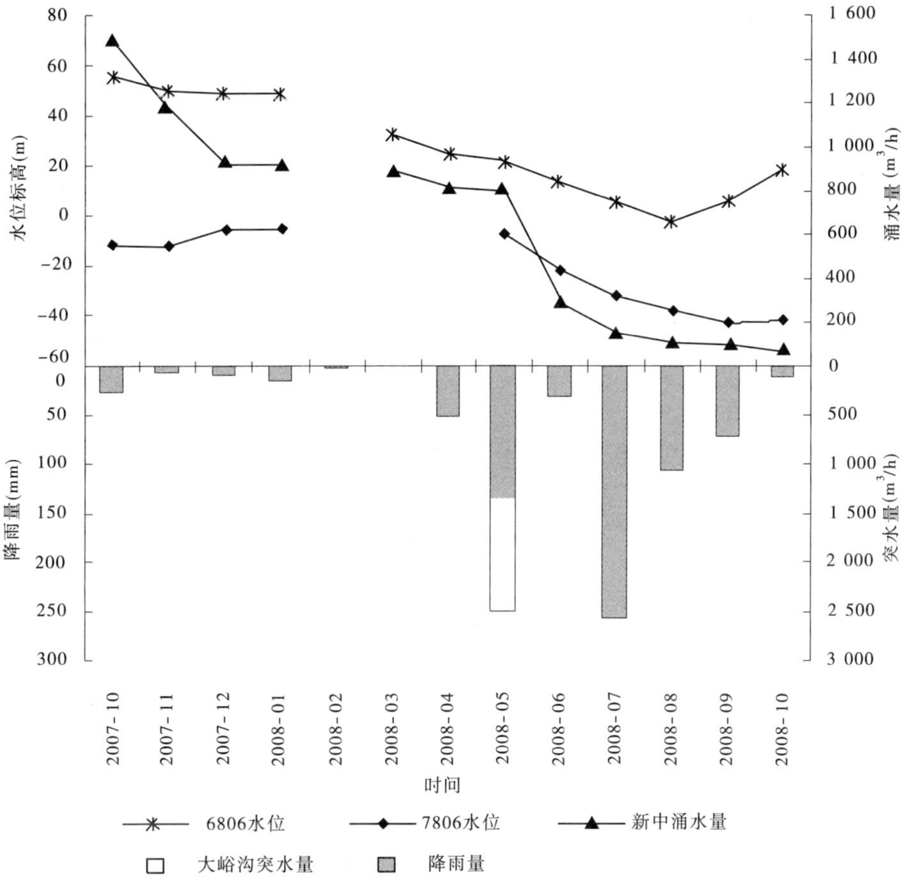

图3-13　新中矿2007年10月～2008年10月岩溶水水位年内动态与降雨量和矿井涌水量关系曲线

3.4　岩溶水水化学特征

在此次野外调查、水样采集与测试和资料系统整理的基础上，对岩溶水水化学特征进行了分析，进一步利用水化学特征的水文地质指示作用，分析了区域岩溶水的补给径流条件，划分了岩溶水系统，从而判断王河煤矿矿坑充水的主要来源及补给范围。

此次研究共采集了37个水样，水样分布点见图3-14。采样点基本均匀分布在岩溶水系统，能反映岩溶水系统补给区、径流区和排泄区的不同特点。其中岩溶泉水样8个，前寒武片麻岩中泉水样1个，矿井顶底板水样18个（顶板L_{1-2}灰岩水7个、底板奥灰水11个），机井水样5个（浅层机井3个，打到灰岩的深井井水样2个），地表水水样3个，雨水样1个，矿坑排水混合水样1个（见表3-2）。全部水样采用离子色谱和GC－MS进行了常量和微量成分分析，分析结果见表3-3。另外，收集了荥巩矿区已有水质分析数据。

表 3-2　研究区各种水体野外取样与测试记录(2008 年 7 月 9 ~ 23 日)

序号	野外编号	取样位置	含水层	取样标高(m)	pH 值	水温(℃)	电导率(μs/cm)	HCO_3^-(mmol/L)	说明
1	WH8	五指岭	$\in_{1x}$	1 021	7.73	25	360	5.6	岩溶泉水
2	WH7	红土岭	Pt—Z	708	7.21	16.9	515	5.8	
3	WH4	尖山乡老河沟	$\in_{1x}$	687	8.44	24.1	350	3.15	
4	WH2	陈庄村龙溪宫	$\in_{1x}$	439	7.64	15.9	729	4.75	
5	WH5	米村乡西流泉	$\in_{2z}$	346	7.25	22	513	4.85	
6	WH9	小龙池泉	$\in_{2z}$	328	7.86	16.7	459	0.15	
7	WH1	庙子乡圣母池泉	$\in_{1x}$	290	7.87	22.6	335	3.6	
8	WH3	司庄汉家泉	$\in_{2z}$	276	7.53	21.1	525	3.55	
9	WH－004GW	反坡村头	$\in_3$	256	6.91	22.3	—	4.2	
10	WH31	官顶村	$\in_3$	230.4	7.34	—	484	5.70	岩溶井水
11	WH30	石井村	$\in_3$	169	7.34	19	413	6.4	
12	WH16	王河煤矿东大巷顶板水(－159 m)	C_{3t}	－159	7.30	23.2	470	5.2	矿井顶板水
13	WH19	王河煤矿 109020 工作面顶板水	C_{3t}	－50	7.70	23.5	469	5.7	
14	WH22	花河煤矿顶板水	C_{3t}	－235	7.32	—	474	5.7	
15	WH23	新中煤矿－81.6 m 顶板水	C_{3t}	－81.6	7.59	24.0	534	5.9	
16	WH26	新中煤矿－63 m 顶板水	C_{3t}	－63	7.48	24.9	517	5.45	
17	WH27	顺发井顶板水	C_{3t}	－162	7.29	24.1	640	6.1	
18	WH21	新建煤矿(小寨村)	C_{3t}	－86	7.48	22.4	658	7.2	

续表 3-2

序号	野外编号	取样位置	含水层	取样标高(m)	pH 值	水温(℃)	电导率(μs/cm)	HCO_3^-(mmol/L)	说明
19	WH17	109 采区轨道巷三平台	O_{2m}	-105	9.67	23	223	2.3	矿井底板水
20	J1	106 采区轨道巷 -50 m 变电所	O_{2m}	-54				5.8	
21	J2	109 采区 -162 大巷泵房入口西 18 m 处	O_{2m}	-162				6.8	
22	J3	109 采区轨道巷三平台	O_{2m}	-105				7.0	
23	J4	109 采区轨道巷 -80 m 变电所南	O_{2m}	-53				7.0	
24	J5	111 采区轨道巷 -155 m 水平大巷	O_{2m}	-155				7.2	
25	J6	111 轨道下山二平台向下约 50 m 西	O_{2m}	-98				6.0	
26	J7	113 轨道下山	O_{2m}	-82				6.3	
27	WH24	新中煤矿底板水(-40 m)	O_{2m}	-40	7.41	24.4	530	5.4	
28	WH32	徐庄煤矿底板水(-38 m)	O_{2m}	-38	7.44	19	535	5.35	
29	WH-007GW	大峪沟矿井水	深部承压水	-190.6	7.96	39.3	—	5.65	
30	WH20	刘河小寨	Q	227	7.05	19.8	473	6.2	浅层机井
31	WH28	窝张村	Q	224.1	7.46	—	512	6.7	
32	WH33	关地沟村	Q	304	7.04	17.0	460	5.2	
33	WH6	洪河水库		660	8.58	27.8	262	4.50	地表水
34	WH15	任洼水库		236	7.85	27.8	255	1.40	
35	WH-001GW	王河水库		219	7.56	25.9	—	4.20	
36	WH-002GW	王河煤矿大排水池		228	7.28	22.6	—	4.60	矿坑排水混合
37	WH14	刘河镇康乐园		219	7.83	25.7	406	0.8	雨水

表 3-3　研究区各种水体水化学分析结果

序号	取样位置	含水层	水样类型	pH 值	Ca^{2+} (mg/L)	Mg^{2+} (mg/L)	K^+ (mg/L)	Na^+ (mg/L)	F^- (mg/L)	Cl^- (mg/L)	SO_4^{2-} (mg/L)	HCO_3^- (mg/L)	Sr^{2+} (mg/L)	Sr^{2+}/Ca^{2+}	总硬度（以 $CaCO_3$ 计）	TDS (mg/L)	水化学类型	说明
1	五指岭	$\in_{1x}$	岩溶泉水	7.73	64.607	18.871	0.195	3.761	0.174	13.235	33.809	341.60	0.227 8	0.001 6	238.84	312.51	$HCO_3-Ca\cdot Mg$	2008 年 7 月 9 ~ 23 日
2	红土岭	Pt—Z		7.21	110.550	36.590	0.573	11.280	0.221	28.421	106.530	353.80	0.353 2	0.001 5	426.37	497.19	$HCO_3-Ca\cdot Mg$	
3	尖山乡老河沟	$\in_{1x}$		8.44	50.812	22.429	0.307	2.584	0.305	7.225	48.964	192.15	0.175 1	0.001 6	219.06	229.84	$HCO_3-Ca\cdot Mg$	
4	陈庄村龙溪宫	$\in_{1x}$		7.64	88.684	20.912	4.547	8.497	0.256	22.596	76.724	289.75	0.304 6	0.001 6	307.31	384.80	$HCO_3-Ca\cdot Mg$	
5	米村乡西流泉	$\in_{2z}$		7.25	98.520	8.953	0.225	3.252	0.295	11.837	75.649	295.85	0.325 8	0.001 5	282.64	356.88	HCO_3-Ca	
6	小龙池泉	$\in_{2z}$		7.86	83.725	39.416	0.361	3.141	0.210	9.877	71.477	366.00	0.230 5	0.001 3	371.07	396.30	$HCO_3-Ca\cdot Mg$	
7	庙子乡圣母池泉	$\in_{1x}$		7.87	63.282	16.254	0.857	3.403	0.260	7.457	45.725	219.60	0.306 5	0.002 2	224.76	249.75	$HCO_3-Ca\cdot Mg$	
8	司庄汉家泉	$\in_{2z}$		7.53	70.297	16.108	1.087	3.767	0.375	9.259	67.688	216.55	0.334 2	0.002 2	241.67	281.28	$HCO_3\cdot SO_4-Ca\cdot Mg$	
9	反坡村头	$\in_3$		6.91	32.965	2.977	13.799	14.278	0.207	11.381	67.090	256.20	0.515 5	0.007 2	94.50	276.25	HCO_3-Ca	
10	官顶村	$\in_3$	岩溶井水	7.34	91.204	25.663	0.160	4.960	0.345	19.802	59.702	347.70	0.297 1	0.001 5	333.14	381.92	$HCO_3-Ca\cdot Mg$	
11	石井村	$\in_3$		7.34	91.177	27.066	0.163	5.703	0.475	16.968	39.072	390.40	0.335 9	0.001 7	338.85	383.11	$HCO_3-Ca\cdot Mg$	
12	王河煤矿东大巷顶板水（-159 m）	C_{3t}	矿井顶板水	7.30	72.431	28.535	3.558	10.645	0.570	10.780	165.673	317.20	0.923 5	0.005 8	298.12	450.81	$HCO_3\cdot SO_4-Ca\cdot Mg$	
13	王河煤矿 109020 工作面顶板水	C_{3t}		7.70	74.834	29.386	1.239	6.387	0.386	8.681	85.196	347.70	0.587 8	0.003 6	307.62	382.55	$HCO_3-Ca\cdot Mg$	
14	花河煤矿顶板水	C_{3t}		7.32	73.784	30.651	4.345	15.259	0.514	11.090	103.837	347.70	1.255 2	0.007 8	310.20	413.34	$HCO_3\cdot SO_4-Ca\cdot Mg$	
15	新中煤矿 -81.6 m 顶板水	C_{3t}		7.59	86.067	30.615	3.622	16.593	0.491	20.766	136.524	359.90	1.149 3	0.006 1	340.70	474.71	$HCO_3\cdot SO_4-Ca\cdot Mg$	
16	新中煤矿 -63 m 顶板水	C_{3t}		7.48	83.220	31.508	3.049	13.308	0.507	13.644	152.411	332.45	1.319 5	0.007 3	337.27	463.88	$HCO_3\cdot SO_4-Ca\cdot Mg$	
17	顺发井顶板水	C_{3t}		7.29	135.925	49.720	5.228	21.457	0.794	12.236	595.400	372.10	2.097 4	0.007 1	543.70	1 006.88	$HCO_3\cdot SO_4-Ca\cdot Mg$	
18	新建煤矿（小寨村）	C_{3t}		7.48	119.424	25.103	0.749	9.893	0.360	38.545	144.717	439.20	0.677 5	0.002 6	401.25	577.01	$HCO_3\cdot SO_4-Ca$	

续表 3-3

序号	取样位置	含水层	水样类型	pH 值	Ca^{2+} (mg/L)	Mg^{2+} (mg/L)	K^{+} (mg/L)	Na^{+} (mg/L)	F^{-} (mg/L)	Cl^{-} (mg/L)	SO_4^{2-} (mg/L)	HCO_3^{-} (mg/L)	Sr^{2+} (mg/L)	Sr^{2+}/Ca^{2+}	总硬度(以 $CaCO_3$ 计)	TDS (mg/L)	水化学类型	说明
19	王河煤矿井下观测孔 J3	O_{2m}		9.67	5.038	18.726	2.549	13.446	0.631	10.456	0.741	140.30	0.069	0.006 3	89.62	121.74	HCO_3-Mg	
20	王河煤矿井下观测孔 J1	O_{2m}		7.30	83.885	33.257	3.672	16.197	0.81	11.84	107.51	353.8	0.961	0.005 2	346.13	434.07	$HCO_3 \cdot SO_4-Ca \cdot Mg$	
21	王河煤矿井下观测孔 J2	O_{2m}		9.43	84.091	31.602	3.526	14.023	0.49	10.69	77.33	414.8	0.770	0.004 2	339.83	429.32	$HCO_3 \cdot SO_4-Ca \cdot Mg$	
22	王河煤矿井下观测孔 J3	O_{2m}			78.135	37.559	3.532	20.190	0.90	13.07	63.55	427	0.810	0.004 7	349.48	430.60	$HCO_3-Ca \cdot Mg$	2009 年 4 月 30 日
23	王河煤矿井下观测孔 J4	O_{2m}		8.65	83.425	36.431	3.468	20.159	0.67	13.66	72.84	427.00	1.036	0.005 7	358.04	444.33	$HCO_3-Ca \cdot Mg$	
24	王河煤矿井下观测孔 J5	O_{2m}	矿井底板水	6.8	78.766	34.772	2.598	11.780	0.90	10.69	71.05	439.20	0.652	0.003 8	339.59	430.33	$HCO_3-Ca \cdot Mg$	
25	王河煤矿井下观测孔 J6	O_{2m}			79.554	41.874	4.195	14.792	1.82	11.45	56.83	366.00	1.279	0.007 4	370.77	393.70	$HCO_3-Ca \cdot Mg$	
26	王河煤矿井下观测孔 J7	O_{2m}		6.5	77.902	33.816	3.095	15.355	1.16	11.23	64.48	384.30	0.819	0.004 8	333.50	399.37	$HCO_3-Ca \cdot Mg$	
27	新中煤矿底板水(-40 m)	O_{2m}		7.41	89.644	31.508	3.030	10.699	0.417	14.331	164.088	329.40	1.140 6	0.005 8	353.30	480.50	$HCO_3 \cdot SO_4-Ca \cdot Mg$	
28	徐庄煤矿底板水(-38 m)	O_{2m}		7.44	94.170	40.971	1.938	7.585	0.681	8.752	241.416	326.35	1.084 6	0.005 3	403.53	559.29	$HCO_3 \cdot SO_4-Ca \cdot Mg$	
29	大峪沟矿井水	深部承压水		7.96	102.245	34.305	25.224	73.183	0.000	72.788	517.031	344.65	3.955 9	0.017 7	396.25	1 000.45	$SO_4 \cdot HCO_3-Ca \cdot Na$	
30	刘河小寨	Q		7.05	99.089	15.678	0.081	7.059	0.285	14.938	86.460	378.20	0.480 8	0.002 2	311.73	419.31	HCO_3-Ca	
31	窝张村	Q	浅层机井	7.46	88.564	17.697	0.197	11.748	0.346	17.790	29.818	408.70	0.579 9	0.003 0	293.78	375.66	HCO_3-Ca	2008 年 7 月 9～23 日
32	关地沟村	Q		7.04	108.112	25.900	0.772	8.548	0.261	47.258	172.593	317.20	0.494 1	0.002 1	376.30	522.04	$HCO_3 \cdot SO_4-Ca \cdot Mg$	
33	洪河水库			8.58	36.872	11.513	1.171	3.593	1.539	8.188	71.223	274.50	0.204 6	0.002 5	139.36	273.17	$HCO_3-Ca \cdot Mg$	
34	任洼水库		地表水	7.85	95.909	27.136	3.105	9.384	0.619	56.445	454.734	85.40	0.468 1	0.002 2	350.94	691.32	$SO_4-Ca \cdot Mg$	
35	王河水库			7.56	47.337	9.654	1.540	5.752	0.604	11.445	229.054	256.20	0.266 8	0.002 6	157.83	438.13	$SO_4 \cdot HCO_3-Ca$	
36	王河煤矿大排水池		矿坑排水混合	7.28	36.945	7.278	4.736	10.690	0.456	10.949	101.774	280.60	0.271 1	0.003 4	122.12	317.83	$HCO_3 \cdot SO_4-Ca$	
37	刘河镇康乐园		雨水	7.83	3.722	0.228	0.184	0.099	0.139	0.258	4.775	48.80	0.016 3	0.002 0	10.22	34.17	HCO_3-Ca	

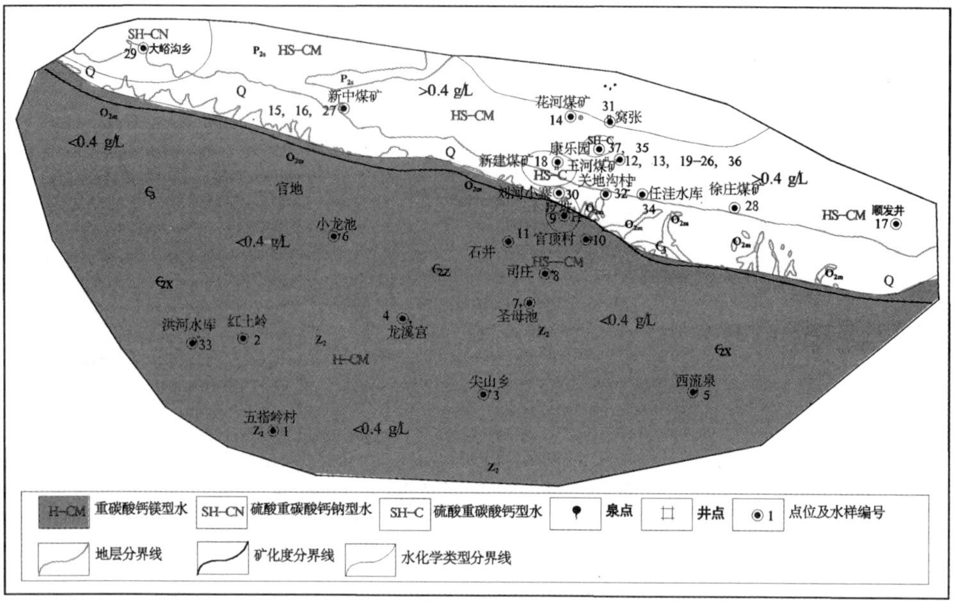

图 3-14　研究区岩溶水水样分布点

3.4.1　水体主要离子成分特点

3.4.1.1　主要阴离子

根据表 3-3 和 TDS 和 HCO_3^-、Cl^- 和 SO_4^{2-} 含量曲线(见图 3-15、图 3-16),得出不同水样主要阴离子含量特点如下:

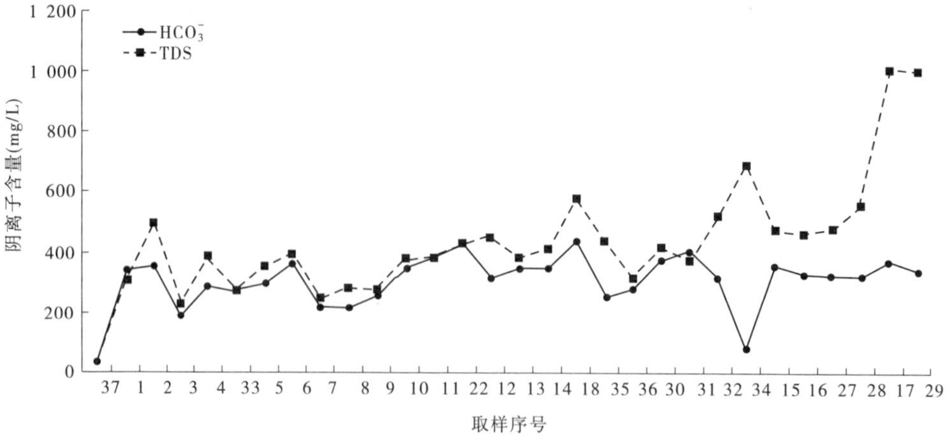

图 3-15　研究区水样 TDS(矿化度)和 HCO_3^- 含量曲线

TDS(矿化度)和 HCO_3^- 含量特点:从山前补给区到矿区排泄区,TDS(矿化度)和 HCO_3^- 均表现为由低到高的变化趋势。其中排泄区的 17 号(顺发井顶板水)水样、29 号(大峪沟矿井水)水样以及 34 号(任洼水库)水样中的矿化度尤其高。

Cl^- 和 SO_4^{2-} 含量特点:从山前补给区到矿区排泄区,SO_4^{2-} 含量变化明显,从补给区到排泄区其含量逐渐升高,其中排泄区的 17 号(顺发井顶板水)水样、29 号(大峪沟矿井

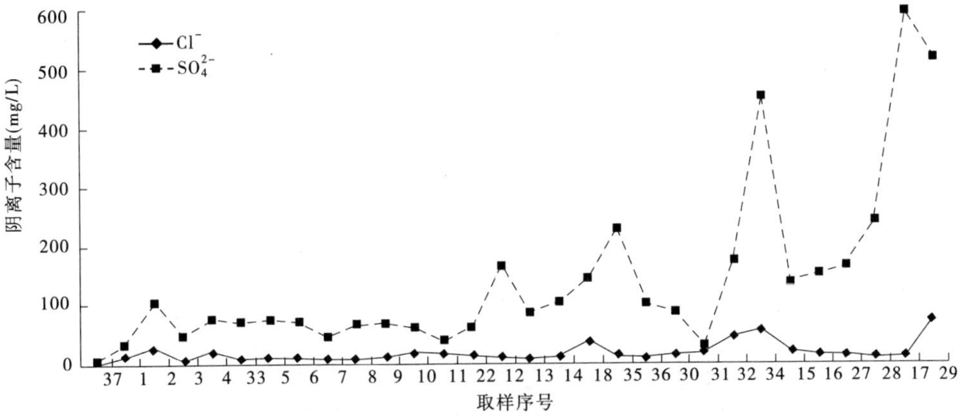

图 3-16　研究区水样 Cl^- 和 SO_4^{2-} 含量曲线

水)水样以及 34 号(任洼水库)水样中的 SO_4^{2-} 含量尤其高;而 Cl^- 含量则不大明显,在补给区含量总体偏低,而在排泄区其含量相对较高,尤其是 29 号(大峪沟矿井水)水样以及 34 号(任洼水库)水样中的 Cl^- 含量较高。

3.4.1.2　主要阳离子

从主要阳离子含量曲线图(见图 3-17、图 3-18)中可得出不同水样离子含量的差异。

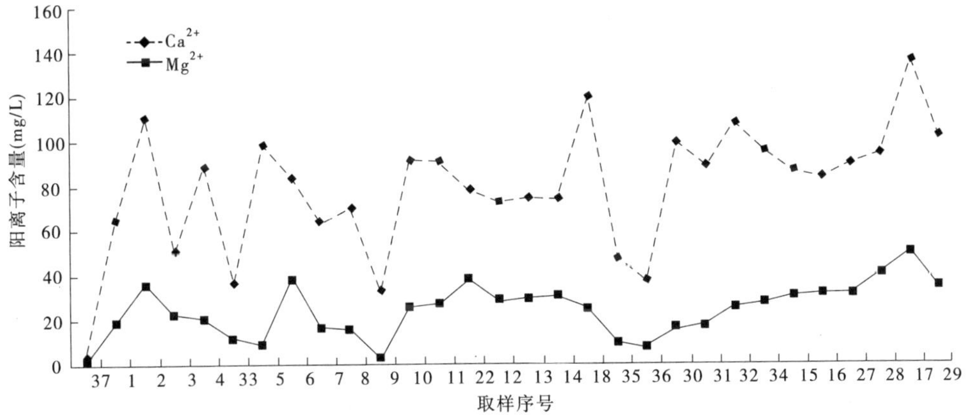

图 3-17　研究区岩溶水样 Ca^{2+}、Mg^{2+} 含量曲线

Ca^{2+}、Mg^{2+} 含量特点:从山前补给区到矿区排泄区,Ca^{2+}、Mg^{2+} 含量变化不是特别的明显,即总体上没有特别大的变化。

Na^+、K^+ 含量特点:从山前补给区到矿区排泄区,Na^+、K^+ 含量变化一致;除 29 号(大峪沟矿井水)水样中含量较高外,其他水样含量较低,从补给区到排泄区其变化较稳定,略有升高的趋势。

3.4.2　各类水体的水化学类型

将研究区各类水样分析结果绘制在 Piper 三线图上(见图 3-19),按照舒卡列夫进行分类(见表 3-4)。从 Piper 三线图中可知,山区灰岩出露区(即补给区)的地下水水化学类型接近,而矿区矿井水(排泄区)与其附近地表水体水化学类型相近。

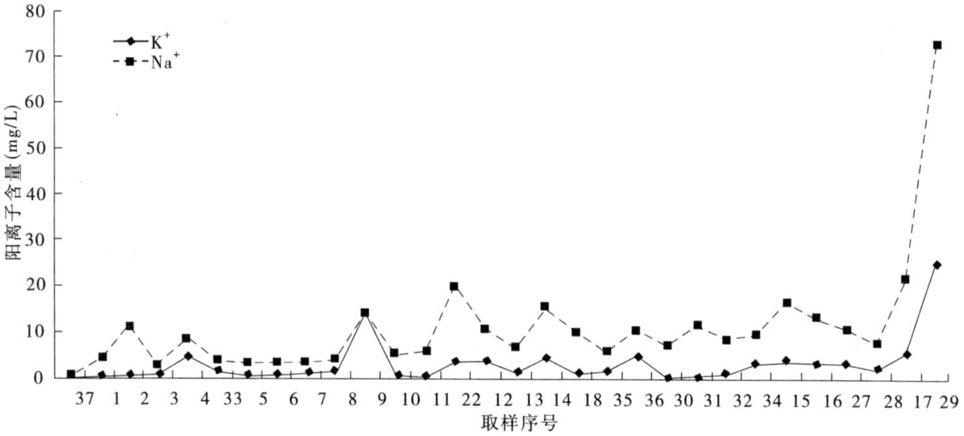

图 3-18　研究区岩溶水样 Na^+、K^+ 含量曲线

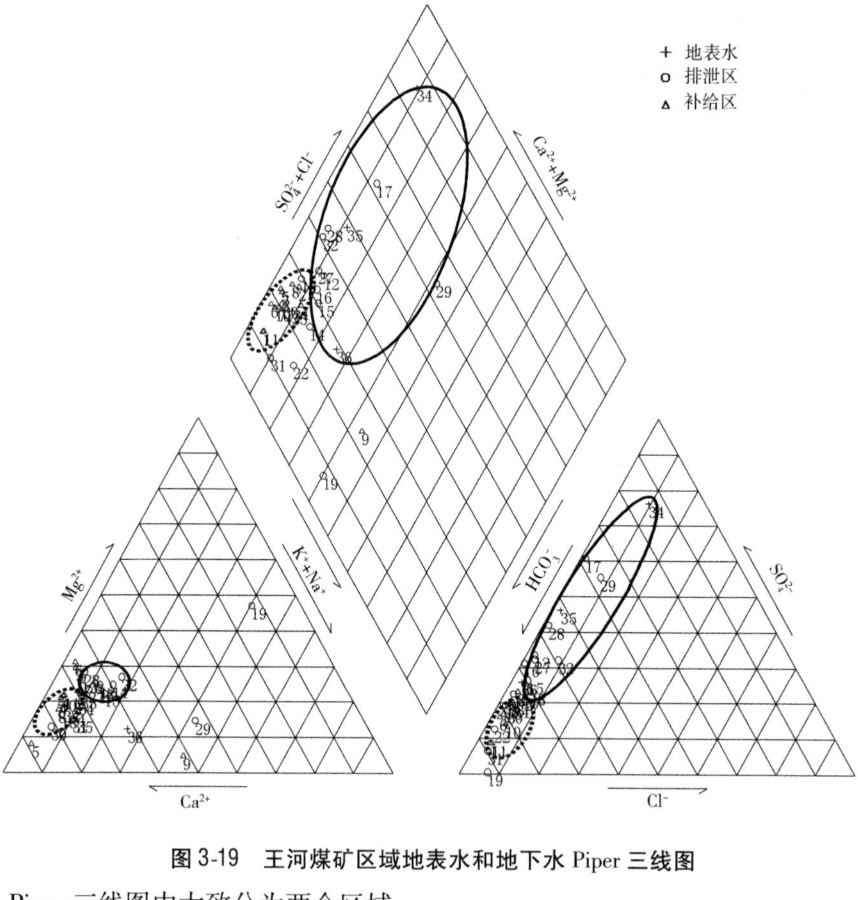

图 3-19　王河煤矿区域地表水和地下水 Piper 三线图

在 Piper 三线图中大致分为两个区域:

Ⅰ区:水质类型为 $HCO_3-Ca\cdot Mg$ 和 HCO_3-Ca 型,阳离子中 Ca^{2+} 含量较高且相对集中,Mg^{2+} 含量分布较离散;Na^+、K^+ 含量较低。阴离子中 HCO_3^- 含量较高;$SO_4^{2-}+Cl^-$ 含量较低,且以 SO_4^{2-} 为主,矿化度较低,平均为 325 mg/L。该类水主要以泉的形式出露,

代表了山区基岩裸露补给区和径流区地下水的水化学特征。

Ⅱ区：水质类型为 $HCO_3 \cdot SO_4 - Ca \cdot Mg$ 或 $SO_4 \cdot HCO_3 - Ca \cdot Na$，阳离子中仍以 Ca^{2+}、Mg^{2+} 为主，但其含量相比补给区略减少，除个别水样中 Na^+、K^+ 含量较高外，其他水样中 Na^+、K^+ 含量低，但较Ⅰ区略高；阴离子中 $SO_4^{2-} + Cl^-$ 含量较高，HCO_3^- 含量相比Ⅰ区较少；矿化度较Ⅰ区高，平均为498 mg/L。此类水型为矿区地下水及其附近地表水体的水化学特征。

根据收集到的2007年荥巩矿区20个水样的水质分析数据（见表3-4）绘制Piper三线图（见图3-20）。从图中可以看出，其水化学类型也分为两个区，水化学特征具有与上述相同的规律：即在山区灰岩裸露区（补给区）的泉水其水化学类型主要为 $HCO_3 - Ca \cdot Mg$，矿化度较低，水质良好；矿区采集的水样的水化学类型主要为 $HCO_3 \cdot SO_4 - Ca \cdot Mg$ 型，少部分为 $HCO_3 - Ca \cdot Mg$ 型；从补给区到排泄区水中 SO_4^{2-} 含量增加，水化学类型由补给区单一的 $HCO_3 - Ca \cdot Mg$ 型变为排泄区 $HCO_3 - Ca \cdot Mg$、$HCO_3 \cdot SO_4 - Ca \cdot Mg$ 型及 $SO_4 \cdot HCO_3 - Ca \cdot Mg$ 型共存的复杂水化学特征。

表3-4　2007年荥巩矿区水样水质分析成果汇总表*

编号	含水层	取样位置	主要离子含量(mg/L)						总硬度(以 $CaCO_3$ 计)	TDS (mg/L)	pH值	水质类型
			Na^+、K^+	Ca^{2+}	Mg^{2+}	Cl^-	SO_4^{2-}	HCO_3^-				
1	$\in_2$	小龙池	2.40	105.65	39.31	15.10	70.46	393.76	425.59	445.64	7.2	$HCO_3 - Ca \cdot Mg$
2	$\in_2$	司庄村泉	5.50	77.76	17.24	16.87	65.71	224.19	265.11	295.18	7.3	$HCO_3 - Ca \cdot Mg$
3	$\in_1$	环翠峪泉	5.30	104.67	36.89	12.44	100.33	367.89	413.18	443.58	7.4	$HCO_3 - Ca \cdot Mg$
4	$\in_2$	王宗店泉	4.53	118.62	12.10	17.76	84.82	294.60	345.98	385.13	7.1	$HCO_3 \cdot SO_4 - Ca$
5	O_2	桐林电厂	17.50	83.37	17.50	10.99	34.58	295.95	281.50	344.97	7.4	$HCO_3 - Ca \cdot Mg$
6	O_2	金龙煤矿	29.80	87.72	39.31	18.65	94.38	385.10	380.80	462.41	7.1	$HCO_3 - Ca \cdot Mg$
7	O_2	金龙煤矿	24.20	88.72	36.59	15.10	101.54	357.82	372.10	445.06	7.3	$HCO_3 \cdot SO_4 - Ca \cdot Mg$
8	O_2	金龙煤矿	25.75	76.75	38.40	15.10	93.18	344.89	349.68	421.63	7.5	$HCO_3 - Ca \cdot Mg$
9	O_2	金龙煤矿	36.88	94.19	42.34	18.65	207.83	293.14	409.43	546.46	7.2	$HCO_3 \cdot SO_4 - Ca \cdot Mg$
10	O_2	新中矿C18	34.40	96.69	30.85	25.74	111.09	347.75	368.39	472.65	7.2	$HCO_3 \cdot SO_4 - Ca \cdot Mg$
11	O_2	新中矿C19	47.85	105.17	35.08	30.17	158.88	359.29	406.98	556.80	7.1	$HCO_3 \cdot SO_4 - Ca \cdot Mg$
12	O_2	王河矿109020	9.48	75.75	30.85	15.10	90.78	267.27	316.10	355.60	7.5	$HCO_3 \cdot CO_4 - Sa \cdot Mg$
13	O_2	王河矿106030	13.35	92.20	31.15	15.10	80.02	342.02	358.44	402.83	7.4	$HCO_3 - Ca \cdot Mg$

续表 3-4

编号	含水层	取样位置	主要离子含量(mg/L)						总硬度(以 $CaCO_3$ 计)	TDS (mg/L)	pH 值	水质类型
			Na^+、K^+	Ca^{2+}	Mg^{2+}	Cl^-	SO_4^{2-}	HCO_3^-				
14	O_2	王河矿 109070	14.23	85.73	28.13	15.99	82.42	304.67	329.81	378.84	7.3	HCO_3 − Ca · Mg
15	O_2	王河 109 采区 −162 大巷	10.80	94.69	27.21	15.99	60.90	346.35	348.43	382.77	7.5	HCO_3 − Ca · Mg
16	$\in_2$	徐庄矿 1 号井	81.80	48.34	27.52	15.99	70.46	367.89	233.94	428.06	7.2	HCO_3 − Ca · Mg · K
17	O_2	徐庄矿 3 号井	29.35	172.44	28.43	20.42	278.33	350.62	547.59	704.28	7.7	HCO_3 · SO_4 − Ca
18	O_2	徐庄 11180 下山东	44.45	69.78	42.95	20.42	125.41	342.02	350.98	474.02	7.5	HCO_3 · SO_4 − Ca · Mg
19	O_2	徐庄煤矿矿井水	41.52	122.24	36.33	10.99	298.75	255.06	454.50	652.91	7.7	SO_4 · HCO_3 − Ca · Mg
20		丁店水库地表水	19.26	76.75	21.75	17.02	183.95	131.80	281.00	388.03	7.7	SO_4 · HCO_3 − Ca · Mg

注：带“＊”表的数据来源于河南理工大学“荥巩矿区一$_1$ 煤开采岩溶水分布运移规律与水害防治对策研究”报告，下同。

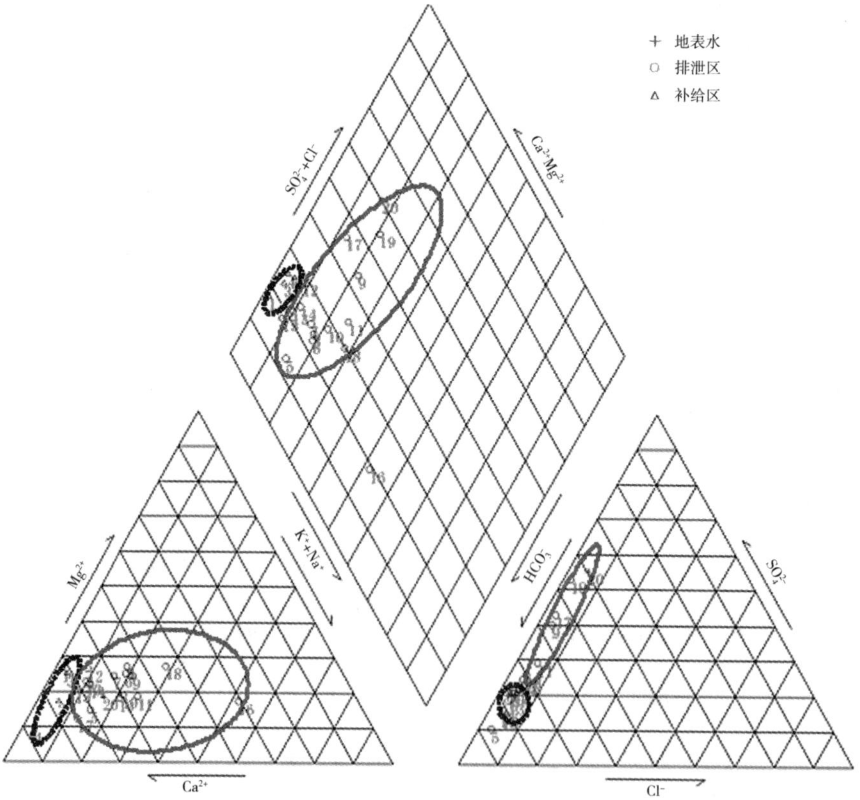

图 3-20　荥巩矿区 2007 年岩溶水 Piper 三线图

除这两个主要区的水型外，此次所取水样中，有 3 个水化学异常点。19 号水样为王河矿新打的奥灰观测孔 J1 中水样，其水型为 HCO_3-Mg 型水，矿化度较低，与矿坑地下水有所不同。9 号水样为反坡泉水，虽然仍显示补给区低矿化度的 HCO_3-Ca 型灰岩水特点，但是水样中 Na^+ 含量较高。29 号水样为大峪沟矿井水水样，矿化度和 Na^+ 含量相比其他矿井水高出很多。

3.4.3　水化学成分的基本成因

该区地下水的主要成因类型为溶滤水，由溶滤作用形成。受岩性、地形、构造及地下水的补给、径流、排泄条件的影响，研究区地下水主要形成了三类溶滤水，各类水的形成原因分析如下。

3.4.3.1　$HCO_3-Ca\cdot Mg$ 型

此类水广泛分布于山区灰岩裸露补给区和径流区，其形成原因是含 O_2 和 CO_2 的大气降水或地表水通过地表岩溶入渗到地下，CO_2 溶入水中形成碳酸从而使地下水对碳酸盐类具有一定的侵蚀能力，在运动过程中具有侵蚀能力的地下水与碳酸盐岩相互作用形成的。该区出露的碳酸盐岩地层主要包括寒武—奥陶系的石灰岩、白云岩、白云质灰岩等，其化学成分主要是 $CaCO_3$ 和 $MgCO_3$，在水和水中 CO_2 的共同作用下，碳酸岩盐中的碳酸钙、碳酸镁等被溶于水中，从而岩溶水以 HCO_3^-、Ca^{2+}、Mg^{2+} 等为主。其水岩作用反应式为：

$$CaCO_3+CO_2+H_2O\rightarrow Ca^{2+}+2HCO_3^-$$

$$MgCO_3+CO_2+H_2O\rightarrow Mg^{2+}+2HCO_3^-$$

此类水由于地下水所处的位置不同，其补给和径流条件也不同，导致水化学成分及矿化度略有差异。如尖山—庙子—司庄—官顶—王河矿区这条剖面上，通常离补给区越近，矿化度越低。随着补给高程降低，地下水径流途径变长，水交替程度变差，矿化度逐渐增加（见表 3-5）。

表 3-5　尖山—王河矿区剖面不同补给高程水化学变化特征

水样地点	取样高程(m)	SO_4^{2-}(%)	HCO_3^-(mg/L)	TDS(mg/L)	水化学类型
尖山乡老河沟	687	23.14	71.46	229.84	$HCO_3-Ca\cdot Mg$
庙子乡圣母池泉	290	19.76	74.67	249.75	$HCO_3-Ca\cdot Mg$
司庄汉家泉	276.3	26.55	66.83	281.28	$HCO_3\cdot SO_4-Ca\cdot Mg$
反坡村头泉	256	23.23	69.8	276.25	HCO_3-Ca
官顶村	230	16.32	74.79	381.92	$HCO_3-Ca\cdot Mg$

另外，王河矿区内的 2 个浅层井（刘河小寨井和窝张井）中的孔隙水也属于此类水型，由于地下水为地表水或降水渗入成因的浅层潜水，补给条件好，故水型以低矿化的 HCO_3 型为主。关地沟浅层机井虽然也是浅层孔隙水，但其矿化度较高，水中 SO_4^{2-} 含量也较高。这是由于该井位于任洼水库边上，地下水主要接受库水补给，任洼水库中的地表

水属高矿化度的 $SO_4-Ca\cdot Mg$ 型，因此关地沟井水的矿化度及 SO_4^{2-} 含量也较高。

王河煤矿新打的井下测压孔中的水样大部分(J3～J7)为 $HCO_3-Ca\cdot Mg$ 型，原因是新打的井下测压孔中的奥灰水尚未进入矿井，未与煤层顶板水及煤层发生水力联系，故 SO_4^{2-} 含量少，为典型的岩溶地层溶滤水。随着时间延长，底板水逐渐与顶板水及煤系地层发生作用，SO_4^{2-} 含量增加，导致底板水水化学类型变为 $HCO_3\cdot SO_4-Ca\cdot Mg$ 型，如最先打的 J1 和 J2 孔。

3.4.3.2　$HCO_3\cdot SO_4-Ca\cdot Mg$ 型

大部分的矿区埋藏型灰岩水和矿坑排水都属此类水，如新中矿顶底板水、徐庄煤矿底板水、顺发井顶板水、新建煤矿井水、花河矿井水、王河矿顶板水及王河煤矿矿坑排水。此类水相比灰岩出露区的水矿化度增加，主要原因是矿区位于排泄区，地下水径流途径变长；另外，由于是承压水，补给条件差，水循环交替缓慢，因此矿化度较大。另外，相比补给区，地下水中的 SO_4^{2-} 含量明显增加，这是由于矿井水来源于顶板太原组薄层灰岩含水层和底板的奥陶系灰岩含水层，两含水层中的水沿裂隙和断层进入矿井，进入矿井的过程中水流经煤系地层时与煤系地层中黄铁矿相互作用形成硫酸盐与硫酸，使得水中的 SO_4^{2-} 含量增加。硫酸的增多有利于溶解灰岩、白云岩中的 $CaCO_3$ 和 $MgCO_3$，形成重碳酸硫酸型水。同时，大量 CO_2 的作用增加了地下水对岩石中 $CaCO_3$、$MgCO_3$ 的溶解，水中 HCO_3^-、Ca^{2+}、Mg^{2+} 含量增加，水化学类型成为 $HCO_3\cdot SO_4-Ca\cdot Mg$ 或 $SO_4\cdot HCO_3-Ca\cdot Mg$ 型。

此类水形成过程中发生的水化学作用如下：

$$2FeS_2+7O_2+2H_2O\rightarrow 2FeSO_4+2H_2SO_4$$

$$2H_2SO_4+CaCO_3+MgCO_3\rightarrow MgSO_4+CaSO_4+2H_2O+2CO_2\uparrow$$

$$CaCO_3+CO_2+H_2O\rightarrow Ca^{2+}+2HCO_3^-$$

$$MgCO_3+CO_2+H_2O\rightarrow Mg^{2+}+2HCO_3^-$$

上述水岩作用使矿区地下水类型总体较补给区复杂，除大部分为 $HCO_3\cdot SO_4-Ca\cdot Mg$ 的水型外，少部分底板水为低矿化度的 $HCO_3-Ca\cdot Mg$ 型水，如王河矿新打的奥灰观测孔孔中水样。

3.4.3.3　$SO_4\cdot HCO_3-Ca\cdot Na$ 型

此次取得的大峪沟矿井水样属于此类水型。相比其他矿井水，其矿化度更高，达到了 1 000 mg/L，且 Na^+ 和 Cl^- 含量也比其他矿井水高出很多。据调查，“5·12”汶川大地震时由于深部断裂活动，大峪沟矿井 27 采区的 27130 工作面于 5 月 14 日发生突水，突水量达 2 500 m^3/h，突水时水温达到 50 ℃，表明该水经过深部地热循环通过断裂带向上运移，由于水压较大，导致突水。该水来自深部承压水，水循环交替差，故矿化度很大。另外，在深部地下水流经一些变质岩时，与长石类(如钠长石)矿物发生水岩作用，导致地下水中 Na^+ 和 K^+ 含量相比其他矿井水高，Cl^- 的来源可能是深部岩浆岩中含氯矿物(如方钠石 $NaAlSiO_4\cdot NaCl$)的风化溶解。其溶滤作用的反应式为：

$$Na_2Al_2Si_6O_{16}+3H_2O+2CO_2\rightarrow 2Na^++2HCO_3^-+H_4Al_2Si_4O_9+4SiO_2$$

据收集的大峪沟勘探区 1982 年 20 多个水质分析数据(见表 3-6)以及由此总结的底板奥灰水与顶板 L_{1-2} 灰岩溶水化学特征(见表 3-7)可知：1982 年所取大峪沟矿井水的水

化学类型主要为 $HCO_3 \cdot SO_4 - Ca \cdot Mg$ 型，部分为 $HCO_3 - Ca \cdot Mg$ 型。奥灰水平均矿化度为 334.8 mg/L，顶板 L_{1-2} 灰岩水平均矿化度为 408 mg/L，表明大峪沟矿井水水化学类型及矿化度与其他矿井水相似。唯有 5 月 14 日突水水源为深部断裂导出的地热水。

表 3-6　1982 年大峪沟补勘区水质分析统计*

含水层	取样位置	主要离子含量(mg/L)						总硬度	TDS (mg/L)	pH 值	水质类型
		$Na^+ + K^+$	Ca^{2+}	Mg^{2+}	Cl^-	SO_4^{2-}	HCO_3^-				
O_2	7 号井	9.06	65.73	23.35	14.18	28.82	275.80	259.75	282	7.3	$HCO_3 - Ca \cdot Mg$
O_2	4 号泉	5.11	86.57	18.00	12.76	30.35	306.31	289.72	318	7.2	$HCO_3 - Ca \cdot Mg$
O_2	水源井	14.47	113.83	29.67	23.40	138.33	309.97	405.68	502	7.4	$HCO_3 \cdot SO_4 - Ca \cdot Mg$
O_2	5 号泉	6.03	65.33	13.13	10.64	33.24	219.66	216.76	242	7.5	$HCO_3 - Ca \cdot Mg$
O_2	2601 孔	10.07	75.35	23.49	24.47	38.42	283.12	284.37	349	7.7	$HCO_3 - Ca \cdot Mg$
O_2	2 号井	9.52	74.55	20.92	15.25	57.64	251.39	273.31	318	7.3	$HCO_3 \cdot SO_4 - Ca \cdot Mg$
O_2	17 号井	9.18	89.78	18.00	10.99	34.58	317.29	297.75	331	7.1	$HCO_3 - Ca \cdot Mg$
O_2	水源井	10.67	103.41	20.92	24.11	76.85	307.53	343.60	336	7.5	$HCO_3 \cdot SO_4 - Ca \cdot Mg$
L_{1-2}	巷道	5.29	80.96	14.59	11.49	29.87	273.36	261.71	334	7.5	$HCO_3 - Ca \cdot Mg$
L_{1-2}	巷道	6.23	80.56	15.32	12.06	32.66	274.58	263.68	328	7.5	$HCO_3 - Ca \cdot Mg$
L_{1-2}	63 盘区	37.26	121.04	32.10	39.71	273.77	211.12	433.51	642	6.5	$HCO_3 \cdot SO_4 - Ca \cdot Mg$
L_{1-2}	26 号井	30.38	91.38	33.56	28.37	12.49	435.67	365.72	403	7.4	$HCO_3 - Ca \cdot Mg$
L_{1-2}	巷道	5.29	80.96	14.59	11.49	29.78	273.36	261.71	334	7.5	$HCO_3 - Ca \cdot Mg$
P	1909 砂岩	299.74	20.84	6.81	58.15	119.11	601.63	79.92	831	8.1	$HCO_3 - Na$
P	37 号井	21.60	60.92	11.19	11.70	31.70	234.31	197.85	251	7.3	$HCO_3 - Ca \cdot Mg \cdot Na$

表 3-7 1982 年大峪沟勘探区奥灰水与 L_{1-2} 灰岩溶水化学特征对比*

含水层	水样数量	对比量	主要离子含量(mg/L)						总硬度	TDS (mg/L)	pH 值
			Na^++K^+	Ca^{2+}	Mg^{2+}	Cl^-	SO_4^{2-}	HCO_3^-			
O_2	8	最大值	14.26	113.83	29.67	24.47	138.33	317.29	406.68	502	7.7
		最小值	5.11	65.33	13.13	10.64	28.82	219.66	216.76	242	7.1
		平均值	9.26	84.32	20.94	16.97	54.78	283.88	296.36	334.8	7.4
L_{1-2}	5	最大值	37.26	121.04	33.56	39.71	273.77	435.67	433.51	642	7.5
		最小值	5.29	80.56	14.59	11.49	12.49	211.12	216.71	328	6.5
		平均值	14.89	90.98	22.03	20.62	75.71	293.62	317.26	408	7.3

3.4.3.4 $SO_4 \cdot HCO_3-Ca$ 型和 $SO_4-Ca \cdot Mg$ 型

王河矿区的地表水来自王河水库及任洼水库，其水化学类型分别属于 $SO_4 \cdot HCO_3-Ca$ 型和 $SO_4-Ca \cdot Mg$ 型。两个水库均接纳王河煤矿矿坑排水，故水中主体成分与矿坑水接近，但 SO_4^{2-} 含量偏高。矿坑排水进入地表水库后，所处环境由还原的环境变为氧化环境，部分硫化物或硫氧化后使水中 SO_4^{2-} 含量增高。据实地调查，任洼水库附近为申庄硫铁矿尾矿堆放点，降雨后尾矿中富含硫酸的淋滤液顺地表径流均排入水库，导致库水的 SO_4^{2-} 含量很高；水库附近的关地沟浅层机井因接受任洼水库的入渗补给，其 SO_4^{2-} 含量相比其他浅层机井的含量要高。

总之，研究区的水化学成分从补给区到排泄区，受岩性、地形、水动力条件及水化学作用的控制，具有一定的分带性规律，主要规律如下：

(1)山区灰岩出露区泉水均为 $HCO_3-Ca \cdot Mg$ 型或 HCO_3-Ca 型，矿化度一般小于 400 mg/L。

(2)矿区地下水水化学类型较补给区复杂。大部分矿井水为 $HCO_3 \cdot SO_4-Ca \cdot Mg$ 型，且矿化度较大，一般大于 500 mg/L。少部分底板水为 $HCO_3-Ca \cdot Mg$ 型，王河矿新打的奥灰观测孔中水样显示 HCO_3-Mg 型水。大峪沟深部断裂导致的突水水样显示为 $SO_4 \cdot HCO_3-Ca \cdot Na$ 型，矿化度达到 1 000 mg/L，水温也较高，表明该水经过了深部地热循环。

(3)矿区地表水为 $SO_4 \cdot HCO_3-Ca$ 型，SO_4^{2-} 含量较高。

(4)2 个浅层机井中水样均为 HCO_3-Ca 型，矿化度在 400 mg/L 左右。

3.4.4 Sr^{2+}/Ca^{2+} 分布及其形成条件

根据前人研究结果，海相碳酸盐岩中普遍含有锶元素，其来源是海水浓缩产生 $SrSO_4$ 盐类沉淀，而 $SrSO_4$ 的沉淀在 $CaCO_3$ 之后。在地下水与海相碳酸盐岩接触过程中，岩石中的锶元素以锶离子形式进入地下水中。由于径流条件不同和水岩接触时间不同，使得地下水中的锶离子浓度也不同，而岩溶水中普遍含有钙离子，因此 Sr^{2+}/Ca^{2+} 可反映地下水的形成和径流条件。

将研究区岩溶水样的 Sr^{2+}/Ca^{2+} 与 TDS 等水化学特征进行分析，绘制岩溶水样 Sr^{2+}/Ca^{2+}

与 TDS 的关系图，如图 3-21 所示。

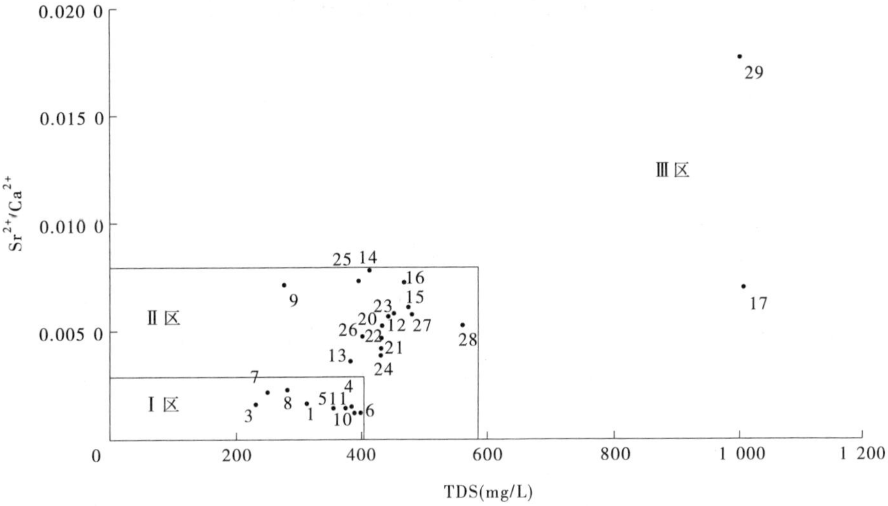

图 3-21 研究区岩溶水样 Sr^{2+}/Ca^{2+} 值与 TDS 关系

根据各水样在 Sr^{2+}/Ca^{2+} ~ TDS 关系图中的情况，将其划分为三个区。

Ⅰ区是补给区和径流区，包括补给区的 1、3、4、5、6、7、8 号岩溶泉水样和径流区的 10、11 号岩溶井水样。该区 Sr^{2+}/Ca^{2+} 值较小，变化值为 0.001 ~ 0.002 3，矿化度也比较低，为 200 ~ 400 mg/L，其原因是该区处于灰岩裸露区，直接接受大气降雨的补给。由于岩溶发育，渗透性好，地下水交替强烈，溶滤作用强烈，水中 Ca^{2+} 浓度大，水岩作用时间短，Sr^{2+} 含量很低，故 Sr^{2+}/Ca^{2+} 很小，矿化度也较低。

Ⅱ区是排泄区，包括大部分矿井顶板水（12 ~ 16 号样）和矿井底板水（20 ~ 28 号样）。该区 Sr^{2+}/Ca^{2+} 比值系数变大，大于Ⅰ区。其原因是岩溶水从奥陶系灰岩裸露区（补给区）流向灰岩埋藏区（排泄区），径流途径增加，补给条件变差，水交替由积极变为滞缓，溶滤作用变弱，Ca^{2+} 浓度降低，水岩作用时间增长，Sr^{2+} 浓度增大，水中的 Sr^{2+}/Ca^{2+} 越来越大；同时，由于水流途径较长，水岩作用时间更长，使得排泄区的矿化度增大。

Ⅲ区是深部循环水或老窑积水，包括 17 号顺发矿井水和 29 号大峪沟矿井水。该类水矿化度特别高，Sr^{2+}/Ca^{2+} 较大。其原因为：顺发井是一个废弃的矿井，为老窑积水，其矿化度很高；大峪沟为深部承压水经断裂传导到矿井中的水，其矿化度很高，Sr^{2+}/Ca^{2+} 系数也特别的大。

综上所述，地下水的常规化学组分及 Sr^{2+}/Ca^{2+} ~ TDS 关系分布显示研究区岩溶水化学特征自补给区到排泄区具有相同的分带性规律：自南向北，随着岩溶含水层埋深的加大，径流途径的加长，水岩作用时间的增加，岩溶地下水的交替条件由快变慢，矿化度由小变大，Sr^{2+} 浓度由小变大，Ca^{2+} 浓度则由大变小，SO_4^{2-} 含量增加。这充分说明岩溶水水化学特征可指示水文地质条件，反映矿区岩溶水的补给、径流、排泄条件。

3.5 岩溶水稳定同位素特征

3.5.1 同位素分析结果

此次选取了不同水体的30个水样进行了D、^{18}O同位素分析,以确定地下水的补给来源和补给范围。此次工作委托中国地质大学(武汉)地质过程与矿产资源国家重点实验室和中国科学院地理科学及资源研究所分别对30个水样D、O^{18}稳定同位素进行了分析,仪器测试型号是Finnigan MAT253,高温分解是用Thermo Finnigan TC/EA,D的测试精度是±2‰,^{18}O的测试精度是±0.3‰。同时收集了4个相邻地区的降水、3个区域上的泉水和5个相邻矿区的同位素资料,数据及分析结果见表3-8。

3.5.2 氢氧同位素特征

大气降水中δD与δ^{18}O之间呈线性相关,将降水方程以δD~δ^{18}O散点图表示,称为雨水线。由于大气降水的同位素组成与地理位置和气候因素有密切关系,故不同地方降水线方程的斜率和截距都有不同程度的变化。我国雨水线方程(见图3-22)为:

$$\delta D = 7.96\delta^{18}O + 8.2$$

从图3-22上可看出,岩溶泉水、排泄区浅层孔隙水及大部分矿井顶底板水的δD、δ^{18}O散点均落在全国雨水线和所测得的郑州西南地区雨水线附近,数据分布较集中,变化范围不大,说明研究区的岩溶潜水和矿区岩溶水主要来源于大气降水补给。

图3-22显示了研究区24个地下水δD~δ^{18}O关系散点,从图上可以看出δD~δ^{18}O的分布特点为:A区全部泉水样点和绝大多数的矿井水样点分布于全国雨水线附近,说明这些区域岩溶水补给来源为大气降水。泉水样点大部分靠近大气降水线两侧,是由于补给—径流区降水入渗补给后,径流途径短,水循环交替快;老河沟、西流泉取样点由于受蒸发作用的影响,稍偏离降水线下方。矿井水样点大部分(J1~J7底板水)落于降水线上方,是由于其为排泄区的深部岩溶水,接受降水补给后,径流时间相对较长;新中矿顶板水受上部含水层地下水下渗影响而稍偏离降水线下方;王河水库地表水样点则是接纳王河矿井直接排水,因而表现出与矿井水相近的δD、δ^{18}O值。

B区位于A区右下方,5个水样点明显偏离全国大气降水线。关地沟浅层地下水δD、δ^{18}O值偏高,δD值-50.78,δ^{18}O值 -5.09‰,其原因为取样机井位于任洼水库附近,接受王河矿井水入库后的补给,且浅层地下水受到强烈蒸发作用的影响;洪河水库位于南部山区,其同位素值偏高,其原因为强烈蒸发作用的影响与接收地表水大量补给;3个矿坑水样点位于B区下部,δ^{18}O均值-9.22‰,δD值较低,明显偏离降水线,其原因为所取水样为坑道积水,与J1~J7所取新鲜岩溶水样不同,其在坑道内滞留时间较长,已与其他地层水有不同程度的混合,导致δD出现低值,具有地表水的特点。

表3-8　研究区各水样同位素组成分析结果

序号	野外编号	取样位置	水样类型	取样高程（m）	δD‰（-SMOW）	$\delta^{18}O$‰（-SMOW）	说明
1	WH7	红土岭	泉水	708	-84.24	-8.18	取样时间 2008-07-06～07-20
2	WH4	尖山乡老河沟		687	-64.63	-7.84	
3	WH2	陈庄村龙溪宫		439	-54.00	-8.56	
4	WH5	米村乡西流泉		346	-61.63	-7.86	
5	WH9	小龙池		328	-77.77	-8.38	
6	WH1	庙子乡圣母池		290	-45.18	-7.85	
7	WH-004GW	反坡村头		256	-62.91	-8.68	
8	WH16	王河煤矿东大巷顶板水（-159 m）	矿井顶板水	-159	-85.43	-8.76	
9	WH19	王河煤矿109020工作面顶板水		-50	-53.02	-8.02	
10	WH23	新中煤矿-81.6 m顶板水		-81.6	-69.86	-8.73	
11	WH27	顺发井顶板水		-162	-63.94	-8.93	
12	WH24	新中煤矿底板水（-40 m）	矿井底板水	-40	-91.15	-8.84	
13	WH32	徐庄煤矿-38 m底板		-38	-84.15	-7.59	
14	WH17	109采区轨道巷三平台（J3测压孔）		-105	-67.31	-9.44	
15	J1	106采区轨道巷-50 m变电所		-54	-61.38	-10.50	取样时间 2009-04-30
16	J2	109采区-162 m大巷泵房入口西18 m		-162	-61.16	-9.89	
17	J4	109采区轨道巷-80 m变电所南		-53	-67.01	-10.43	
18	J5	111采区轨道巷-155 m水平大巷		-155	-61.99	-9.07	
19	J6	111轨道下山二平台向下约50 m西		-98	-66.55	-9.59	
20	J7	113轨道下山		-82	-62.47	-9.65	
21	WH20	刘河小寨	浅层地下水	227	-58.49	-7.66	取样时间 2008-07-06～07-20
22	WH33	关地沟村		304	-50.78	-5.09	
23	WH6	洪河水库	地表水	660	-53.62	-5.12	
24	WH15	任洼水库		236	-94.11	-3.72	
25	WH-001GW	王河水库		219	-53.36	-8.62	
26	WH12	三仙庙水库		205	-84.15	-7.98	
27	WH8	五指岭	雨水	1 021	-105.04	-13.15	
28	WH005	张庄龙溪宫		439	-86.16	-6.67	
29	WH-003	反坡村头		356	-62.94	-6.83	
30	WH14	刘河镇康乐园		219	-122.03	-13.63	

续表 3-8

序号	野外编号	取样位置	水样类型	取样高程（m）	δD‰（-SMOW）	$\delta^{18}O$‰（-SMOW）	说明
31		新密	雨水		-54.64	-7.35	收集数据
32		尉氏			-96.08	-11.91	
33		开封			-58.85	-8	
34		郑州西南			-37.6	-5.7	
35		金龙矿	矿井水		-65.14	-7.81	
36		新中矿 C18			-63.65	-8.38	
37		大峪沟			-67.26	-9.61	
38		徐庄矿 1 号井			-61.14	-10.01	
39		徐庄矿 3 号井			-64.02	-9.67	
40		小龙池	泉水	320	-66.51	-9.5	
41		环翠峪		560	-64.78	-10.57	
42		王宗店		280	-59.91	-8.12	

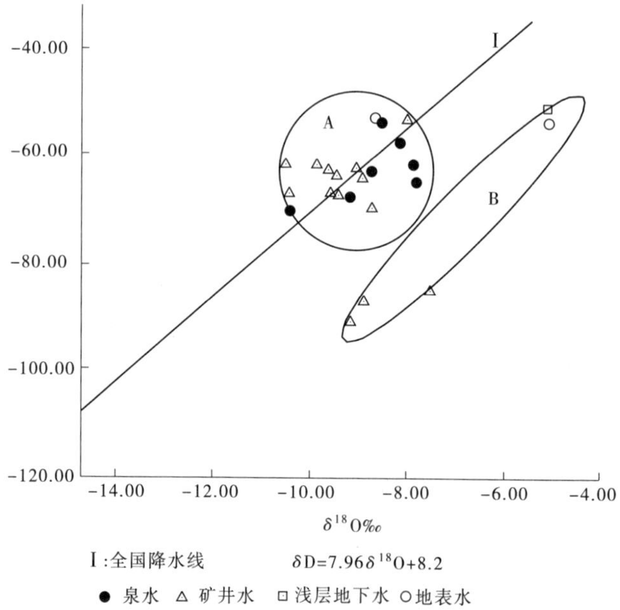

图 3-22　荥巩矿区水样 δD 与 $\delta^{18}O$ 关系散点

3.5.3　地下水补给高程估算

根据降水中 δD、δ^{18}O 的高度效应，对于现代成因地下水，其补给区海拔由下式计算：

$$H = \frac{\delta_S - \delta_P}{K} + h$$

式中：H 为地下水补给高程，m；h 为取样点的高程，m；δ_S 为所取水样的同位素成分(‰)；δ_P 为大气降水中的同位素成分(‰)；K 为本地同位素高度梯度(‰/100 m)。

由所测同位素结果分析可以看出，同位素高度效应比较明显。此次研究采用 δ^{18}O 值来推测地下水的补给高程。径流途径短、地下水交替迅速的岩溶水流动系统中，泉的同位素值与大气降水补给的基本相同。此次研究工作选取研究区符合该径流条件的 4 个泉点和 1 个降水取样点的 δ^{18}O 值及取样高程拟合降水方程线(见图 3-23)。

显示该区降水高程方程为：

$$\delta^{18}\text{O} = -0.005\,5h - 5.878\,9$$

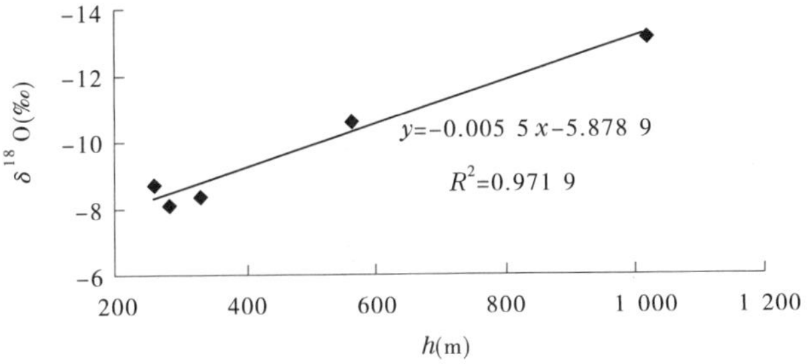

图 3-23　研究区降水高程方程确定

相似系数 r = 0.986，大于 0.01 显著性水平下的 r 下限值为 0.959，通过显著性检验。该方程斜率 k = −0.005 5，即为本地同位素高度梯度 −5.5‰/100 m，在全国降水同位素高度梯度范围(−2‰ ~ −6‰)/100 m 内。因此，该方程同位素高程效应比较明显，能代表研究区山区大气降水高程方程。

按上述方程估算不同高程岩溶泉水和矿井水的补给高程域，计算结果如表 3-9 所示。

表 3-9　根据同位素 δ^{18}O 推算岩溶水的平均入渗补给高程

序号	取样位置	水样类型	取样高程(m)	δD‰ (−SMOW)	δ^{18}O‰ (−SMOW)	补给高程(m)	说明
1	小龙池	泉水	328	−77.77	−8.38	455	测试数据
2	反坡村头		256	−62.91	−8.68	510	
3	庙子环翠峪		560	−64.78	−10.57	853	收集数据
4	王宗店		280	−59.91	−8.12	410	

续表 3-9

序号	取样位置	水样类型	取样高程(m)	δD‰ (-SMOW)	$\delta^{18}O$‰ (-SMOW)	补给高程(m)	说明
5	王河煤矿 109 采区	矿井顶板水	-100	-61.13	-8.21	424	WH16、WH19 水样均值
6	新中煤矿 -81.6 m 顶板水		-81.6	-69.86	-8.73	518	测试数据
7	顺发井顶板水		-162	-63.94	-8.93	555	
8	109 采区轨道巷三平台(J3 测压孔)	矿井底板水	-105	-67.31	-9.44	648	
9	111 采区轨道巷 -155 m 水平大巷		-155	-61.99	-9.07	580	
10	111 轨道下山二平台向下约 50 m 西		-98	-66.55	-9.59	675	
11	113 轨道下山		-82	-62.47	-9.65	686	
12	金龙矿	矿井水	-120	-65.14	-7.81	351	收集数据
13	大峪沟		-190	-67.26	-9.61	678	
14	徐庄矿		-150	-69.77	-9.09	584	水样均值

3.5.4　水文地质条件分析

根据不同取样点的 δD 、$\delta^{18}O$ 值与高程之间的关系，计算补给高度域，结合区内水文地质条件，推断荥巩矿区岩溶水补给范围和径流方向(见图 3-24)。具体分析如下：

(1)小龙池泉、庙子泉、反坡泉等岩溶泉是区域岩溶水系统内的一些子系统，其中小龙池泉和庙子泉是两个最典型的子系统。根据泉水的 $\delta^{18}O$ 值，小龙池泉补给区标高在 455 m，庙子环翠峪泉补给区标高应在 853 m，2 个子系统处于局部流动系统，地下水径流途径较短。小龙池泉和庙子泉补给范围除了局部流动系统范围，还接受五指岭以北到小龙池泉和庙子泉区域流动系统范围，所以这 2 个泉的流量较大。

(2)王河矿区奥灰岩溶水样的补给高程为 424 ~ 686 m。补给区位于山区寒武中统张夏组—奥灰出露的区域(庙子泉以北)，矿区处于岩溶水区域流动系统的排泄区。

(3)奥灰岩溶水补给区标高：金龙矿为 351 m，大峪沟矿为 678 m，徐庄矿为 584 m，新中矿为 518 m，王河矿为 424 ~ 686 m，顺发井为 555 m，说明矿区中部王河矿补给范围较大。

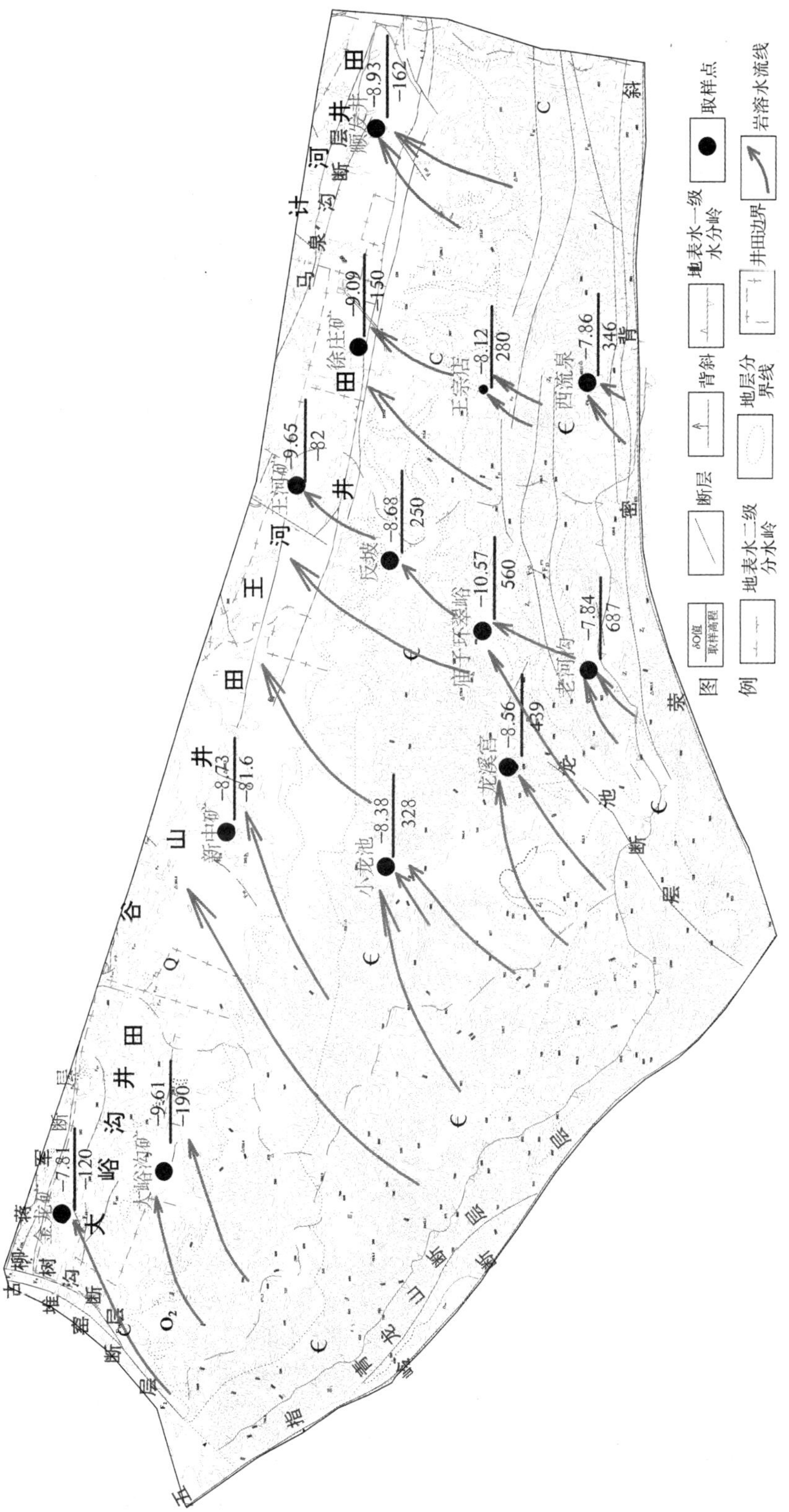

图 3-24　荥巩矿区岩溶水补给范围和径流方向

3.6　水化学特征的指示意义

利用地下水常规化学组分及微量组分的水文地质指示作用，可判断岩溶水的补给条件、水流循环交替条件及排泄去路。根据氢氧同位素资料可计算矿区岩溶水的补给高程范围和判断径流方向。因此，水化学特征可帮助我们划分岩溶水流动系统，从而判断矿井水的主要来源和补给范围。

根据地面水文地质调查结果与水化学研究成果，绘制五指岭—王河矿剖面地下水流动系统（见图3-25）。从图中可以看出，岩溶水流动系统可以分为局部流动系统和区域流动系统。不同流动系统的运动特征见表3-10，水化学及同位素特征见表3-11。

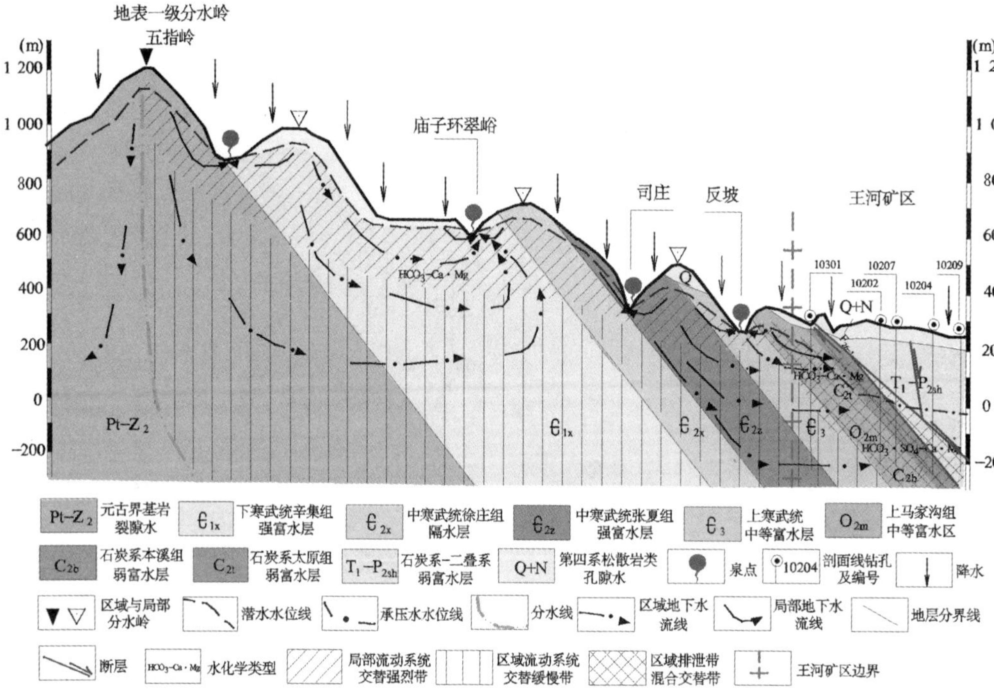

图3-25　区域岩溶水流动系统

表3-10　岩溶水流动系统分区及水流运动特征

流动系统划分	水流交替循环	补给与水流运动方向
局部流动系统	水流交替强烈带	直接降水补给，垂直（下降）－水平运动
区域流动系统	水流交替缓慢带	（区域）侧向补给，水平运动
区域排泄带	混合交替带	局部区域水流混合，侧向、垂直（上升）运动

表 3-11　岩溶水流动系统水化学及同位素特征

流动系统分区	水型	SO_4^{2-} (mg/L)	TDS (mg/L)	Sr^{2+}/Ca^{2+}	$\delta^{18}O$补给高程(m)
局部流动系统	简单 HCO_3-Ca · Mg HCO_3-Ca	少 33.809~45.725	低 <350	低 <0.001 6	高 280~853
区域流动系统	HCO_3-Ca · Mg HCO_3 · SO_4-Ca · Mg	48.964~76.724	350~400	0.001 6~0.002 2	
区域排泄带	复杂 HCO_3-Ca · Mg HCO_3-Mg HCO_3 · SO_4-Ca · Mg SO_4 · HCO_3-Ca · Na	多 56.83~595.4	高 382.55~1 006.88	高 0.002 6~0.017	低 351~686

从上述图表中可以看出：五指岭—王河矿剖面发育 4 个局部流动系统，包括五指岭泉流动系统、庙子泉流动系统、司庄泉流动系统及反坡泉流动系统。这些局部流动系统直接接受降水补给，就地以泉的方式排泄；水流以垂直下降—水平运动为主；地下水在浅部循环，水流运动途径短，水交替强烈；水化学类型为低矿化度的 HCO_3 - Ca · Mg 型水，Sr^{2+}/Ca^{2+} 低；补给高程范围有限。区域流动系统包括五指岭—庙子泉流动系统和庙子泉以北—王河矿流动系统，其中庙子泉以北—王河矿流动系统为区域流动系统排泄带，其补给范围为徐庄组地层以上的中寒武统张夏组、上寒武统及中奥陶统灰岩出露的范围，这些灰岩接受降水后以侧向径流的方式补给到矿区充水含水层中；该系统中水流循环深度较大，水交替缓慢，地下水以侧向和垂直上升运动为主。水化学类型复杂，矿化度和 Sr^{2+}/Ca^{2+} 高。同位素计算得出的补给高程范围与地面调查结果一致。

3.7　岩溶发育特征与规律

3.7.1　碳酸盐岩出露区岩溶发育特征

研究区南部是碳酸盐岩裸露区，受地形地貌、地层岩性、构造和水动力条件的控制，地表和地下岩溶现象发育，见图 3-26。地表岩溶主要发育溶蚀裂隙、溶蚀穴、溶蚀沟，岩石表面风化强烈，凹凸不平；地下岩溶发育多为溶洞、溶蚀裂隙等。下面通过岩溶发育的几个主要控制要素与岩溶发育的关系论述区域岩溶发育的特点。

3.7.1.1　岩溶发育与地层岩性结构的关系

可溶岩的存在是岩溶发育的先决条件，其成分和结构在很大程度上控制着岩溶的发

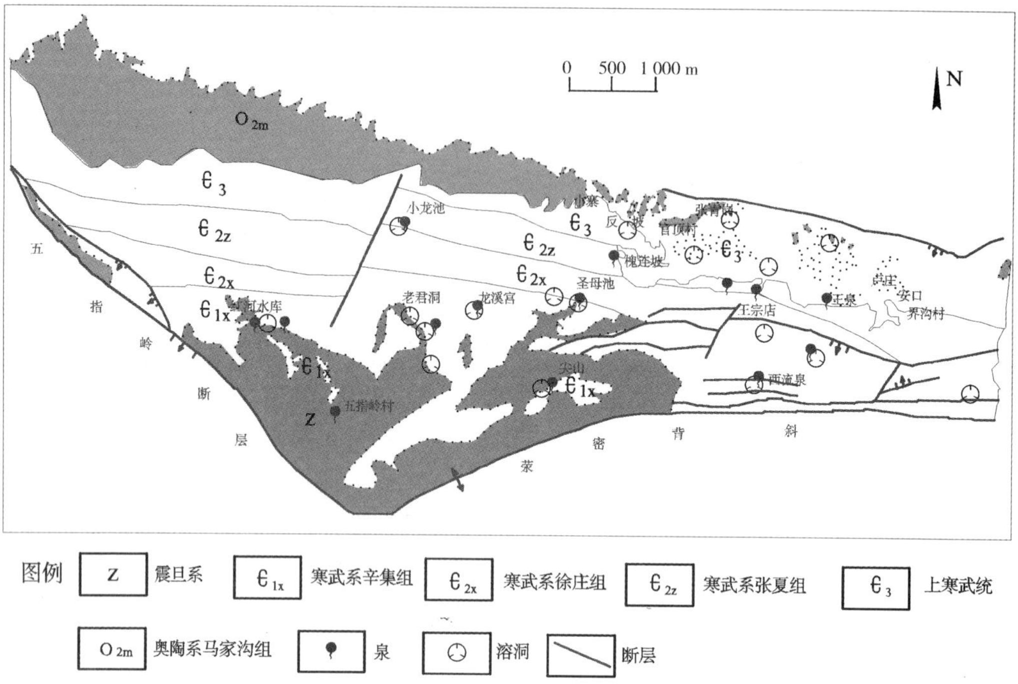

图 3-26　研究区南部山区岩溶分布

育程度。可溶岩成分和结构不同,其溶解度和溶解速度以及溶蚀特点都不一样。

成分均一的石灰岩以方解石为主要矿物成分,纯度愈高,其可溶性愈强,尤其当岩层厚度较大时岩溶就非常发育,溶洞大而集中,典型的岩溶形态发育完善,如寒武系下统辛集组中部岩性为灰、深灰色厚层灰岩、白云质灰岩,其质地较纯,可溶性强,总厚 20. 13 ~ 54. 16 m,层状溶蚀裂隙及大溶洞发育。由图 3-26 可以看出,在尖山一带、老君洞(见图 3-27)、神仙洞、龙溪宫等地,可见 1 ~ 7 m 高的溶洞,发育标高为 239 ~ 687 m。如龙溪宫出露标高为 350 m,溶洞为南北走向,洞内发育钟乳石、石笋、石冠等,洞长约 1 600 m。圣母池溶洞发育标高约 290 m,据调查,泉口下为一长 500 m 以上、最宽约 8 m、最窄处约 1 m 的溶洞,溶洞走向 NE19°。著名的雪花洞、神仙洞也发育在辛集组深灰色厚层灰岩中。该层还出露了很多流量较大的岩溶泉,如圣母池泉、神仙洞泉等,这说明该层为区内岩溶最发育的地层。

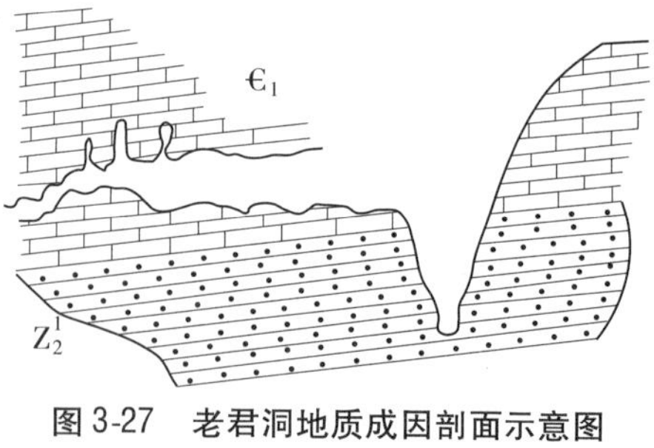

图 3-27　老君洞地质成因剖面示意图

碳酸盐岩的结构特点也决定了地下水对其溶蚀的强弱。如张夏组为深灰色厚层状的灰岩、白云质灰岩,具鲕状结构(见图 3-28(a))。鲕粒是由一些同心圆状的碳酸盐包裹砂砾碎屑组成的,在水流作用下极易溶蚀,溶蚀后留下空隙,为后期的溶蚀作用进一步进行奠定基础。因此,在张夏组鲕状灰岩中岩溶非常发育,除地表溶蚀裂隙和落水洞外,常发育一些地下水溶洞。如区内最大的小龙池泉泉口附近为一大型的溶洞,溶洞直径约 2 m,泉口附近还有地表溶洞发育(见图 3-28(b))。

(a)

(b)

图3-28　张夏组鲕状灰岩及其中发育的小龙池泉和地表溶洞

当碳酸盐岩岩层结构不均一时，如薄层可溶岩中夹非可溶岩，由于非可溶岩的存在，降低了岩石的溶解速度和溶解度，不利于岩溶发育，仅在薄层灰岩中发育一些小的溶蚀裂隙，如中寒武统徐庄组以紫红色页岩和薄层灰岩互层，岩溶不发育，仅层间有一定的溶蚀裂隙，赋存少量溶蚀裂隙水。

3.7.1.2　岩溶发育与构造的关系

地质构造控制岩溶发育的空间分布规律，表现在两方面：一是控制岩溶的发育强度和深度，二是控制岩溶的发育方向和部位。由于地质构造破坏了岩石的完整性，增加了岩石的透水性，扩大了水与岩石的接触机会，从而加强了岩溶发育程度。

在荥密复背斜轴部，由于岩层弯曲变形，应力集中，常常发育张裂隙，同时轴部岩层厚度较大，挤压破碎或层间滑动，使其顶部形成大的张裂隙密集带。张裂隙的存在，利于地下水的活动和储存，有利于岩溶发育。

荥巩矿区经历多次构造运动，构造形迹主要以断裂活动为主。区内发育了近EW、NE和NW向三组断裂，以近EW向断层最为发育，NW向断层次之，NE向大断层稀少，小断层发育较多。断层带附近断层破碎带和裂隙发育，透水性好，地下水富集，故岩溶往往较发育。从图3-26可以看出，溶洞多发育在断层两侧，远离构造线岩溶发育程度变差。

另外，在多次构造运动下，产生了较多的构造裂隙。据野外观测，以NE向和EW向两组裂隙为主，层面裂隙也较发育。这些裂隙对岩溶发育特别是大型溶洞的发育起着主导控制作用（见表3-12），并构成岩溶水的储存空间和运移通道。如位于巩义新中镇浮戏山风景区的雪花洞，发育在寒武系下统厚层状灰岩和白云岩中，全长1 110 m，共分三厅一走廊，面积约4 000 m^2。岩溶作用形成的次生化学沉积物布满整个洞穴岩壁，形成晶莹如玉、玲珑剔透的石花、石葡萄和石珊瑚等景观。据观察，雪花洞是沿一条南北走向的巨大裂隙发育而成的，而龙溪宫与雪花洞据说是互相连通的。

3.7.1.3　岩溶发育与水动力条件的关系

岩溶作用的发生依赖于具有侵蚀能力的水，因此影响岩溶发育的关键因素是水的循环交替程度，即水动力条件。

表 3-12 荥巩矿区典型溶洞发育特征

位置	发育标高(m)	出露地层	走向
雪花洞	520	寒武系辛集组	近南北
张家窝溶洞	214	上寒武系	265°
龙脖山腰	326	奥陶系(与上寒武交界处)	15°
甘爷堂	339	寒武系辛集组	335°
老君洞	469	寒武系辛集组	NE
龙溪宫	350	寒武系辛集组	NE
神仙洞		寒武系辛集组	NE
圣母池	290	寒武系辛集组	19°
小龙池	328	寒武系张夏组(与徐庄交界处)	NE

研究区的岩溶发育，主要是岩溶形成时期充沛降水作用和强烈的水循环交替作用的结果。从图 3-26 中可以看出，有 9 个溶洞发育在两个地层交界处，如小龙池、圣母池等处的溶洞。其中下寒武灰岩和震旦系砂岩交界处溶洞发育最多，其次是中寒武徐庄组页岩和张夏组鲕粒灰岩地层界面之处。这主要是由于两个地层岩性不同，岩层透水性差异较大，地下水在透水性好的岩层中运动时受到透水性差的岩层阻滞，在两地层交界处水流最集中，对界面处可溶岩的溶蚀作用强烈，故在两个地层接触界面往往形成大的溶洞裂隙。另外，地下水沿可溶岩和非可溶岩层间裂隙流动，雨季可出露成泉。

相当部分的岩溶发育在局部流动系统的排泄处，由于此处地下水径流途径短，水交替强烈，故岩溶发育，如庙子圣母池泉及小龙池泉就是发育在 2 个典型的局部流动系统的排泄处。

在区域流动系统的排泄区，地下水集中排泄，因此岩溶现象发育。该区区域流动系统的集中排泄处主要在荥巩各个矿区（大峪沟—三李）。研究区地势南高北低，地下水总体流向由南向北、从西向东流。西南部灰岩裸露区主要接受降水补给，地下水自南向北流动；在山前奥灰水浅埋区，岩溶水潜入深部进入矿区成为承压水，因此在矿区南部奥陶系灰岩浅埋区，潜水水流受阻，岩溶较发育，据钻孔资料揭露，该区漏水钻孔较多。在天然条件下，研究区中东部地质条件逐渐复杂，在背斜的倾伏端三李一带，断层密度大，近东西向和北西向的断层在此交会，成为区域岩溶水系统的集中排泄区和强径流带，岩溶水循环交替和水动力条件逐渐强烈，岩溶发育程度增加，因此天然条件下受东西向构造裂隙发育带的影响，岩溶水沿新中—三李一带的强径流带自西向东径流，在三李一带以岩溶大泉的形式向外排泄。

3.7.2　矿区岩溶发育特征

矿区灰岩出露条件较差，仅在南部山前地带有少量出露地表或被第四纪覆盖，其地表岩溶形态以溶沟、溶槽、溶孔、溶蚀裂隙为主，仅冲沟灰岩出露处发育有小型溶洞。地下岩溶形态以蜂窝状溶孔、溶蚀裂隙为主，其次是小型溶洞。钻孔钻进中经常遇到裂隙密集段或溶洞，致使冲洗液漏失。

在岩性、构造、地形地貌、水动力条件等因素的影响与控制下，矿区岩溶发育具有一定的宏观规律，具体表现在：①受岩性的控制，矿区南部山前岩性较纯的厚层状奥陶系灰岩出露区和浅埋区岩溶发育；②受古地形地貌的控制，奥陶系灰岩顶界面以下 50 m 古剥蚀面岩溶发育；③受构造控制，断裂带附近岩溶发育，在断裂构造、地下水循环等因素共同作用下，在徐庄矿—三李泉之间沿$二_1$煤层露头线，形成了岩溶水强径流带；④岩溶发育具有垂直分带性，随埋藏深度增加，发育程度逐渐减弱；⑤岩溶发育具有强烈的不均匀性。

3.7.2.1　岩性控水特征

矿区南部奥陶系灰岩出露区和浅埋区，灰岩质地较纯，厚度较大，岩溶较发育，尤其在下寒武与奥陶地层不整合接触面部位，分布的漏水钻孔较多。

3.7.2.2　构造控水特征

(1)区域构造构成水文地质边界，并控制着整个矿区岩溶水的径流方向。

五指岭断层和荥密复背斜轴部构成岩溶水系统的南部地下水分水岭边界；郭小寨断层和须水断层构成岩溶水系统的北部边界，属阻水性质；沙鱼沟断层和柳树沟断层构成岩溶水系统的西部隔水边界；薛店断层及奥灰深埋区构成东部边界。

在一系列东西断层及断层带的控制下，沿$二_1$煤层露头线发育了徐庄滑动构造。它西起米河，向东延伸至三李勘探区，长度 40 km。滑动面是沿$二_1$煤层顶板向深部发展的。煤以下地层虽然没有发生错动，但由于其规模大，沿着主干断裂带次级构造发育，包括断层、背斜及分支断层等，导致奥陶系灰岩构造裂隙发育。根据谷山井田、计河井田钻孔资料，沿滑动构造带岩溶发育，揭露溶洞和漏水钻孔沿滑动构造带分布(见图 3-29)。寒武—奥灰岩溶水沿荥密复背斜北翼单斜型储水构造向北及东北方向运动，进入矿区后由潜水变成承压水，在东西向构造带的影响和控制下，自西向东径流。沿岩溶水径流方向，岩溶发育程度和含水层富水性由弱变强，并在三李一带形成强富水带和强径流带。断层带岩石破碎，经过地下水岩溶作用，沿$二_1$煤层露头线附近的滑动构造带，形成了以小溶洞和溶隙为主要岩溶形态的地下岩溶发育条带。溶洞高 1.1 ~ 1.3 m，最高 2.5 m，在钻孔岩芯上溶隙常呈网状和蜂窝状。

(2)小断层和裂隙构成岩溶水储水空间和运移通道，也是矿井突水的主要通道。

根据新中煤矿 12 个勘探钻孔和生产矿井揭露，岩溶发育和突水点的分布受古城寨断层(F_{27})和楼子沟断层(F_{20})两条断层的控制。在新中矿已经发生的 22 次突水中，有 8 次突水发生在 F_{27}断层带上，2 次突水发生在 F_{20}断层带上。1979 年 7 月 31 日，10 号井东大巷北上山巷道掘进过程中发生突水，最大突水量 4 800 m^3/h，水源为奥灰水，造成淹井，向东影响到 15 km 外的徐庄矿，并造成附近民井枯竭。受 F_{27}断裂的影响，沿断层向浅部延伸至西河河口，形成一个破碎带。该断层破坏了岩层的连续性，使奥灰含水层与太原组下段含水层发生了密切的水力联系，而且在奥灰露头区沿破碎带形成了被第四系覆盖的落水洞和大小不等的溶潭，使得大气降水和西河河谷中流出的地表水能沿破碎带向深部运移。钻孔也证实，沿 F_{27} 断裂带岩溶及裂隙均很发育。2 次突水发生在 F_{20} 断层附近，其中一次大的突水发生于 1975 年 4 月 1 日，突水地点位于新中矿 10 号井西大巷，突水点标高为 +75 m，最大突水量 2 600 m^3/h，水源为奥灰水。

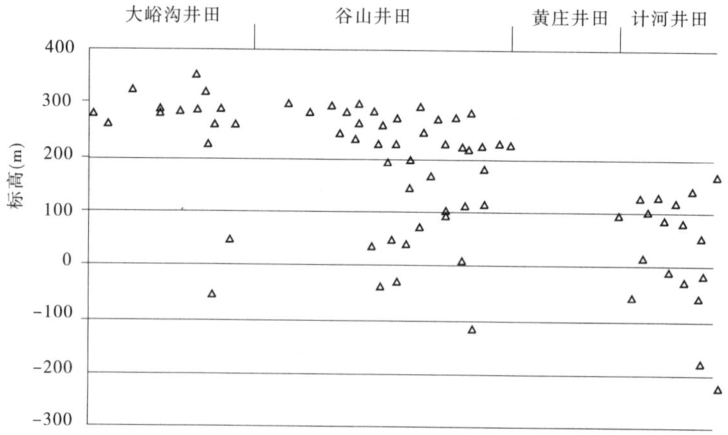

图 3-29 荥巩矿区岩溶发育垂直分带

王河矿自建井以来，共发生了 65 次突水，突水通道主要为裂隙。详细论述见第 5 章。

(3) 水动力条件。矿区水动力条件具有空间差异性，因而岩溶形态特征和发育程度也在平面上、剖面上具有明显的变化，主要表现在以下两个方面：

①岩溶发育程度呈现西弱东强的规律。沿二$_1$ 煤层露头线发育有东西向的断裂构造，断裂带附近可溶性岩石破碎，这些为岩溶发育和岩溶水的径流提供了便利条件。在背斜的倾伏端三李一带，断层密度大，近东西向和北西向的断层在此交会，成为荥巩岩溶水系统的集中排泄区和强径流带，并有温泉出露。沿山前二$_1$ 煤层露头线奥灰含水层隐伏于煤系地层之下，局部埋藏于第四系松散沉积物之下，来自于山区的岩溶水在山前汇聚，一部分越过二$_1$ 煤层露头线向深部运动，一部分沿山前的东西向构造带自西向东径流，天然条件下，在三李一带以泉群形式集中排泄，目前以矿井排水的形式排泄。在山前奥灰水浅埋区，自西向东沿地下水运动方向，岩溶水循环交替和水动力条件逐渐强烈，岩溶发育程度增加，岩溶水的富集出现了水平差异。

根据矿区岩溶水的水动力条件，并考虑山前各煤矿井涌水量和突水情况（见表 3-13），矿区自西向东可划分为金龙—大峪沟中等富水区、新中—王河强富水区、徐庄矿—计河强富水区、三李—贾峪强富水区。

金龙—大峪沟中等富水区包括金龙矿和大峪沟矿，水文地质条件中等，曾被有关部门划定为贫水区，矿井水害问题不突出。自 1958 年建井以来，发生突水 5 次，突水量一般为 65 ~ 180 m^3/h，目前正常涌水量为 500 m^3/h，枯水期为 350 ~ 450 m^3/h，汛期为 650 ~ 850 m^3/h。金龙煤矿自 1999 投产以来，发生过 4 次突水，水量为 20 ~ 30 m^3/h。目前，矿井涌水量为 130 ~ 150 m^3/h。

表 3-13　荥巩矿区各矿涌水量突水情况统计

矿井名称	充水含水层	最大涌水量 (m^3/h)	正常涌水量 (m^3/h)	2008 年涌水量 (m^3/h)	突水次数
大峪沟煤矿	L_{1-2}、O_2、深部水源	2 600	240	150	5
新中煤矿	L_{1-2}、O_2	4 700	1 250	500	22
王河煤矿	L_{1-2}、O_2	3 000	1 300	1 000	65
徐庄煤矿	L_{1-2}、O_2	2 500	800	—	10
徐庄顺发井	L_{1-2}、O_2	1 800	1 150	淹井停排	4
长兴排水站	L_{1-2}、O_2	500	400	淹井停排	
中原煤矿	L_{1-2}、O_2	460	160	280	1
鹿平煤矿	L_{1-2}、O_2	700	300	淹井停排	1

新中—王河强富水区主要包括新中煤矿和王河煤矿，分布有古城寨断裂(F_{27})和楼子沟断裂(F_{20})，在 20 世纪 70～80 年代是岩溶水自流区。新中矿自 1972 年以来发生突水 22 次，淹井一次，最大突水量为 4 800 m^3/h，矿井正常涌水量为 1 000～1 300 m^3/h，最大为3 000 m^3/h，2006 年年均涌水量为 1 156 m^3/h。王河矿水害严重，已发生突水 65 次，2 次淹井，最大突水量为 3 000 m^3/h，正常涌水量为 800 m^3/h，2008 年年均涌水量为 1 186 m^3/h。该区还分布有由两个断层造成的岩溶强富水带，即古城寨断裂(F_{27})强富水带和楼子沟断裂(F_{20})强富水带：①F_{27}断裂破碎带宽 50 m 左右，并使奥灰含水层与太原组下段含水层发生了密切的水力联系，形成岩溶水径流带。该带呈北东向展布，区内长 4 200 m，宽 40～250 m。10 次突水发生在该强径流带，突水量多为 200～300 m^3/h，最大为 4 800 m^3/h。②在 F_{20}断裂带附近施工的钻孔遇到多处岩溶，而且涌水量较大，说明该断裂带岩石较破碎，岩溶较发育。该断层带增强了奥灰水与一$_1$ 煤矿坑和太原组下段含水层的水力联系，形成区内另一个强径流带。该带呈北西向展布，长 5 500 m，宽 40～70 m。新中煤矿 C_1、C_4 突水点即发生该强岩溶带，突水量为 800～2 600 m^3/h。

徐庄矿—计河强富水区包括徐庄煤矿和计河井田浅部。徐庄矿及顺发井共发生突水 14 次，淹井 2 次，最大突水量 2 000 m^3/h。矿井正常涌水量为 600～1 000 m^3/h，最大涌水量为 2 500 m^3/h。徐庄煤矿顺发井因淹井，正在进行技改，涌水量不稳定。分布浅部的小煤矿，多因淹井或水害严重，处于停产状态。该区构造发育，分布有盆窑背斜、马泉沟断裂(F_{101})和李新寨断裂(F_{31})，破碎带宽 50～100 m，并使奥灰含水层与太原组下段含水层发生了密切的水力联系。受盆窑背斜的影响，在其南侧形成岩溶水径流带。该带呈东西向展布，区内长 12 000 m，宽 100～250 m。

三李—贾峪强富水区包括中原煤矿和三李井田，长 14 000 m，宽 300～550 m。断裂较发育，分布有贾峪断裂(F_{32})和三李断裂(F_{26-1})，沿断裂破碎带形成岩溶水径流—排泄带。该区是荥巩岩溶水系统的集中排泄区，岩溶水在三李一带以泉群形式向外排泄。该区煤炭资源尚未大规模开采，现有矿井分布于浅部，生产规模小，开采一$_1$ 煤层的煤矿有中原矿、鹿平矿、袁庄矿、宏兴矿等，矿井涌水量多为 200 ~ 700 m^3/h，最大为 1 000 m^3/h，中原煤矿正常涌水量为 160 m^3/h，最大为 460 m^3/h，2007 年 1 月 29 日技改 -54 水平突水，突水量为 280 m^3/h。鹿平矿 2006 年 4 月 3 日发生突水，突水量为 600 ~ 700 m^3/h，造成淹井，至今尚未恢复生产。

②岩溶发育程度呈现浅部强深部弱的规律。

深部地下水径流滞缓，水交替程度差，故携带的物质也相应减少，岩溶发育程度由浅至深变弱。根据 68 个漏水钻孔统计，岩溶发育层位主要为太原组 L_{1-2} 灰岩和奥陶系灰岩，岩溶形态包括溶隙和溶洞，裂隙一般宽 3 ~ 10 mm，溶洞高 0. 2 ~ 6. 60 m，一般为 1 ~ 2 m，并不同程度地被泥岩或黏土充填。浅部岩溶发育，往深部岩溶发育明显变弱（见图 3-29）。大峪沟井田标高 +200 m 以上（埋深 400 ~ 500 m）岩溶最发育，谷山井田标高 ±0 ~ +300 m（埋深 400 ~ 100 m）为岩溶强发育段，东部计河井田标高 +100 ~ -100 m（埋深 150 ~ 350 m）为岩溶强发育段。就全矿区来讲，标高 +400 ~ -300 m（埋深 0 ~ 500 m）为岩溶发育强段。

上述规律与中国北方石炭—二叠纪岩溶型煤田岩溶发育规律一致。华北地区岩溶强烈发育地段多集中在标高 100 ~ 400 m，越向深处，岩溶发育越来越微弱。造成这种垂直分带性的主要原因是：首先，埋藏深度越大，则岩层受到的压力越大，岩石中裂隙被压密和闭合，透水性变差或基本不导水，不利于岩溶发育；其次，越向深处地下水循环和交替就越微弱，水的溶蚀以及侵蚀能力变弱，岩溶化程度越低。

总之，研究区主要的岩溶发育规律为：①岩溶发育受岩性和岩性组合控制，下寒武辛集组岩溶最发育，出露溶洞较大，泉流量大；中寒武—奥陶系岩溶也较发育，出露溶洞一般小于 2 m；在可溶岩和不可溶岩地层交界处，溶洞发育较多。②区域岩溶发育还受断层和裂隙的控制，溶洞、溶沟发育基本沿裂隙方向，断层破碎带岩溶较构造线远处发育。③受水动力条件影响，矿区呈现出由西往东岩溶发育程度增强，垂向上浅部较深部发育。

第4章　王河矿区水文地质条件分析

4.1　地层与构造

4.1.1　地层

王河矿区位于荥巩煤田中部低山丘陵区，总体上南高北低。基岩大面积被第四系掩盖，地表零星出露有二叠系石千峰组(P_{2sh})、三叠系下统圈门组(T_{1q})，钻孔揭露的地层有奥陶系马家沟组(O_{2m})、石炭系本溪组(C_{2b})、太原组(C_{3t})、二叠系山西组(P_{1sh})、下石盒子组(P_{1x})、上石盒子组(P_{2s})。简述如下。

4.1.1.1　奥陶系马家沟组(O_{2m})

岩性以浅灰－灰色层状灰岩为主，隐晶结构，局部夹泥质灰岩及薄层灰岩，上部具有溶蚀现象，钻孔多见被方解石脉充填的裂隙和小溶洞；下部含白云质，局部含同生灰岩角砾(如11205孔)，钻孔最大揭露厚度150 m。

4.1.1.2　石炭系本溪组(C_{2b})

石炭系本溪组由浅灰色铝土质泥岩及铝土岩组成，具鲕状和豆状结构，含黄铁矿结核及团块。钻孔揭露最大厚度20.15 m(补3孔)，最小厚度5.445 m(10004孔)，平均10.04 m。与下伏地层呈假整合接触。

4.1.1.3　石炭系太原组(C_{3t})

石炭系太原组由厚层状灰岩、深灰色泥岩、砂质泥岩、粉砂岩及深灰色细－中粒砂岩和煤层组成，含煤5层，一$_1$煤可采，位于本组地层下部。根据岩性组合特征，划分为三段：

(1)下部灰岩段。自本溪组顶界面至L_4灰岩顶界面，由深灰色厚层状及中厚层状灰岩和煤层组成，其中L_1、L_2灰岩全区发育，厚度稳定，含燧石团块和黄铁矿结核，微晶结构。L_4灰岩局部相变为泥岩、砂质泥岩和细粒砂岩，含植物化石。

(2)中部砂泥岩段。自L_4灰岩顶界面至L_7灰岩顶界面。由深灰色泥岩、砂质泥岩、中粗粒砂岩、灰岩及煤层组成。L_5、L_6灰岩局部发育，煤层不可采。泥岩及砂质泥岩为致密状，含植物化石碎片及黄铁矿结核，具水平层理及波纹状层理，中粗粒砂岩为中厚层状，成分以石英为主，硅质胶结，分选性中等。层位稳定，厚度大。

(3)上部灰岩段。自L_7灰岩顶界面至山西组底界。由深灰色－灰色灰岩、薄层灰色泥岩、砂质泥岩、细粒砂岩及薄层煤层组成，煤层不可采，灰岩为中厚层状，含方解石，见少量黄铁矿结核，本段不发育，部分钻孔缺失该段地层。以顶部灰岩界面或中部砂岩顶面与山西组分界，本组厚度为26.60～51.90 m，平均35.34 m。

4.1.1.4 二叠系山西组(P_{1sh})

二叠系山西组由深灰色泥岩、砂质泥岩、粉砂岩、中粗粒砂岩和煤层组成,其中二$_1$ 煤层为主要可采煤层,依据岩性特征和含煤情况,分三段:

(1)下段。自分界灰岩或砂岩顶面至二$_1$ 煤层底界面,由灰 – 深灰色泥岩、砂质泥岩、粉砂岩及细粒砂岩组成,具波纹及脉状层理,含菱铁质结核及斑状黄铁矿结核。

(2)中段。自二$_1$ 煤层底界面起,止于香炭砂岩底界面,由深灰 – 灰黑色泥岩、炭质泥岩及煤层组成,局部夹粉砂岩及薄层细粒砂岩。

(3)上段。从香炭砂岩底界面起,止于下石盒子组砂锅窑砂岩底界面,由灰色细粒 – 中粒砂岩、砂质泥岩及泥岩组成。泥岩、砂质泥岩含植物化石碎片,具水平纹理。砂岩成分以石英为主,次为长石,层面见白云母碎片及炭质薄膜。

本组地层厚度为60. 08 ~75. 75 m,平均厚度为68. 40 m,与下伏地层整合接触。

4.1.1.5 二叠系下石盒子组(P_{1x})

二叠系下石盒子组由灰 – 深灰泥岩、砂质泥岩、粉砂岩及细 – 中粒砂岩组成。底部为细 – 中粒砂岩,局部为粗粒砂岩(砂锅窑砂岩),含黑色泥质条带及泥质包体,局部见石英细粒岩,具交错层理,硅质胶结。上部泥岩及砂质泥岩含植物化石碎片及菱铁质鲕粒,局部见菱铁矿结核。底部砂岩为中粗粒石英砂岩,硅质胶结。砂锅窑砂岩为下石盒子组与山西组分界标志层,厚度为3. 14 ~8. 05 m,平均厚度为5. 86 m。下部为浅灰、紫灰色铝土质泥岩,鲕状结构,鲕粒成分为菱铁质,呈暗紫色,是本区的良好标志层,厚度为4. 69 ~16. 90 m,平均厚度为11. 75 m。中上部为深灰色泥岩、砂质泥岩与砂岩互层,含少量植物化石。

本组地层厚度为67. 98 ~90. 68 m,平均厚度为80. 54 m,与下伏地层呈整合接触。

4.1.1.6 二叠系上石盒子组(P_{2s})

二叠系上石盒子组下段由浅灰 – 灰色泥岩、砂质泥岩、细中粒砂岩、薄层粉砂岩组成。底部为四煤底板砂岩,厚度为6. 02 ~22. 94 m,平均厚度为13. 82 m。砂岩为灰绿 – 浅灰色,中 – 细粒,含泥质团块,局部含石英细砾石或燧石团块,含菱铁矿结核,具交错层理。下段厚度为156. 22 ~192. 51 m,平均厚度为174. 65 m。上段由灰绿色、灰色、紫色泥岩、砂质泥岩、中粗粒砂岩及薄煤层组成。底部为浅灰 – 灰色中粗粒石英砂岩(田家沟砂岩),含石英细砾岩,具有大型交错层理,硅质胶结。上段厚度为267. 37 ~293. 37 m,与下伏地层整合接触。

4.1.1.7 二叠系石千峰组(P_{2sh})

二叠系石千峰组下段为浅灰 – 灰白色厚层状粗粒长石石英砂岩(平顶山砂岩),成分以石英为主,其次为长石,含少量白云母,底部含石英细砾石及泥质包体。中部夹泥质薄层,硅质胶结。平顶山砂岩层位稳定,特征明显,是石千峰组与上石盒子组分界标志层,厚度为49. 20 m。中段下部为浅灰色中粗粒砂岩,夹薄层暗紫色泥岩、砂质泥岩。中段上部为暗紫色泥岩、砂质泥岩及粉砂岩,夹薄层细粒砂岩。中段厚度为209. 54 ~251. 77 m,平均厚度为220. 66 m。上段为浅灰 – 灰绿色厚层状中粗粒砂岩及同生砾岩,局部夹紫色泥岩及砂质泥岩,平均厚度为120. 74 m。

4.1.1.8　三叠系下统圈门组(T_{1q})

三叠系下统圈门组下段以紫红色厚层状中粒砂岩为主(金斗山砂岩),坚硬、硅质胶结,显板状交错层理,常夹薄层砂质泥岩,厚度为133 m。上段以灰色、紫红色细砂岩、粉砂岩、泥岩为主,厚度为194 m。

4.1.1.9　第三系和第四系(R+Q)

第三系和第四系下部为灰黄色黏土、砂质黏土和砾石层,夹砂层及淡水灰岩薄层,弱固结一半固结状,局部黏土中含灰绿色团块及少量钙质结核。上部为灰黄色黏土、砂质黏土及粉砂层,局部黏土夹砾石。厚度为8.05~31.85 m,平均厚度为19.23 m。

4.1.2　构造

王河煤矿位于秦岭纬向构造带北亚带——嵩山隆起带东端北缘,荥密背斜北翼,矿区处在徐庄滑动构造范围内,受其影响,矿区范围内二$_1$煤大面积缺失,在二$_1$煤层上下形成两个截然不同、互不协调的构造层(见图4-1~图4-3)。二$_1$煤层及其以下地层构造简单,总体为一倾向北北东、倾角8°~13°的单斜构造。而二$_1$煤层上覆地层与下伏地层倾向相反,倾角较大,一般在30°左右,仅在矿区西北的双楼背斜北翼,二$_1$煤层上覆地层与下伏地层大体相同。王河井田内断层有徐庄滑动构造F_{26}断层、F_{312}断层、F_{313}断层、F_{317}断层及F_1断层,褶曲有双楼背斜。徐庄滑动构造控制着矿区范围内地层、煤层展布及其产状。

4.1.2.1　徐庄滑动构造(F_{26})

徐庄滑动构造在井田范围内对二$_1$煤层及其以上地层结构、产状、构造产生了改变,表现在以下几个方面:

(1)对二$_1$煤层的破坏。据钻孔取芯的情况,滑动构造上下盘之间存在着厚度不等的破碎带。破碎带底界面沿二$_1$煤层顶板向深部延伸,井田内大面积下插二$_1$煤层底板,使二$_1$煤层缺失、变薄或无煤。而煤层因受挤压和搓揉,原生结构受到破坏,变为粉粒状及鳞片状,呈构造煤形式产出。

(2)对上覆地层的影响。受断层滑动影响,二$_1$煤层上覆地层产生了不对称背斜(西段双楼背斜,东段为盆窑背斜),覆盖在二$_1$煤层之上,与下伏地层产状不协调。背斜轴向呈东西向,轴面略向北倾,规模与滑动构造覆盖范围一致。核部地层为上石盒子组上段,两翼依次为石千峰组和三叠系圈门组。两翼地层产状不同,北翼倾角30°,局部45°~50°,北翼地层产状与下盘地层逐渐趋于一致。

4.1.2.2　F_{312}断层

F_{312}断层位于9903孔处,属于徐庄滑动构造的次级滑动面,走向与徐庄滑动构造大体一致,延展长度约800 m,两端与徐庄滑动构造相交。

4.1.2.3　F_{313}断层

F_{313}断层位于99~102勘探线之间,10201孔的北部,走向北西,倾向北东,北东盘下降,南东盘上升,延展长度为600 m,落差不详,北西端与F_{317}断层相交。

4.1.2.4　F_{317}断层

F_{317}断层位于99~102勘探线之间,10102孔处,走向北东,倾向南东,南东盘下降,断层落差大于200 m,延展长度大于2 000 m,南端与F_{312}断层相交。

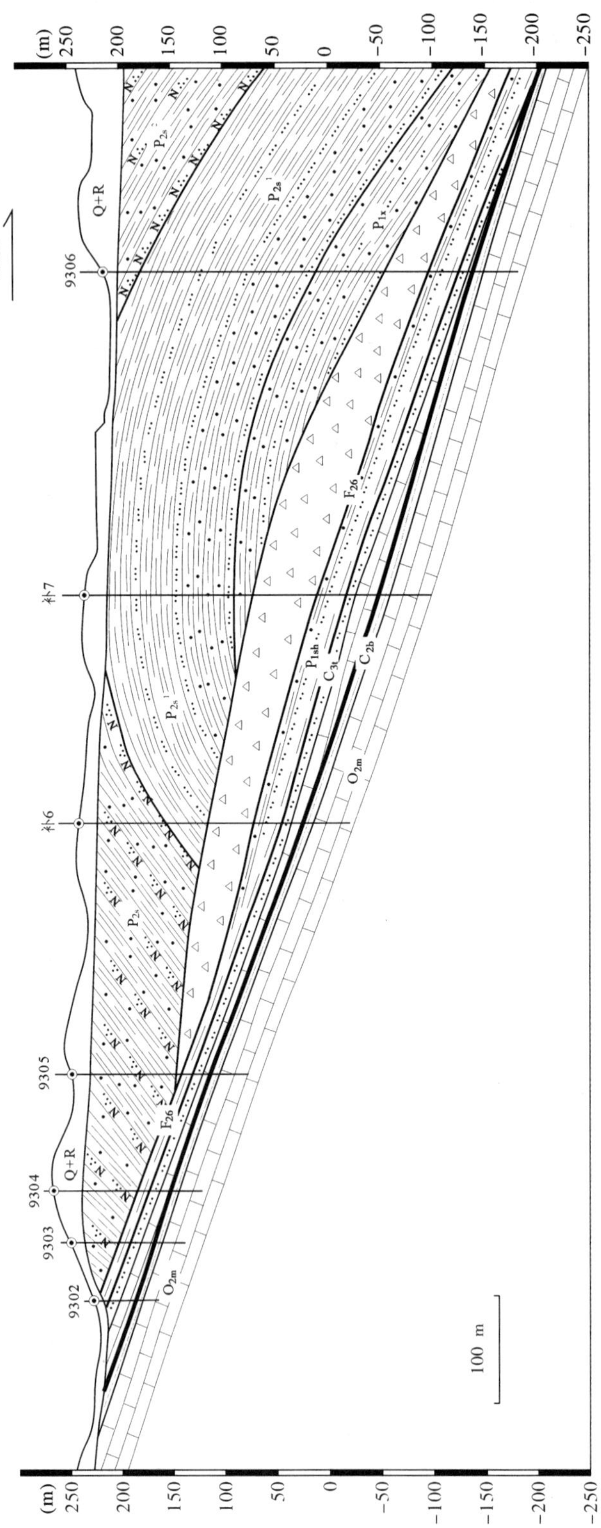

图 4-1　王河煤矿 93 线剖面

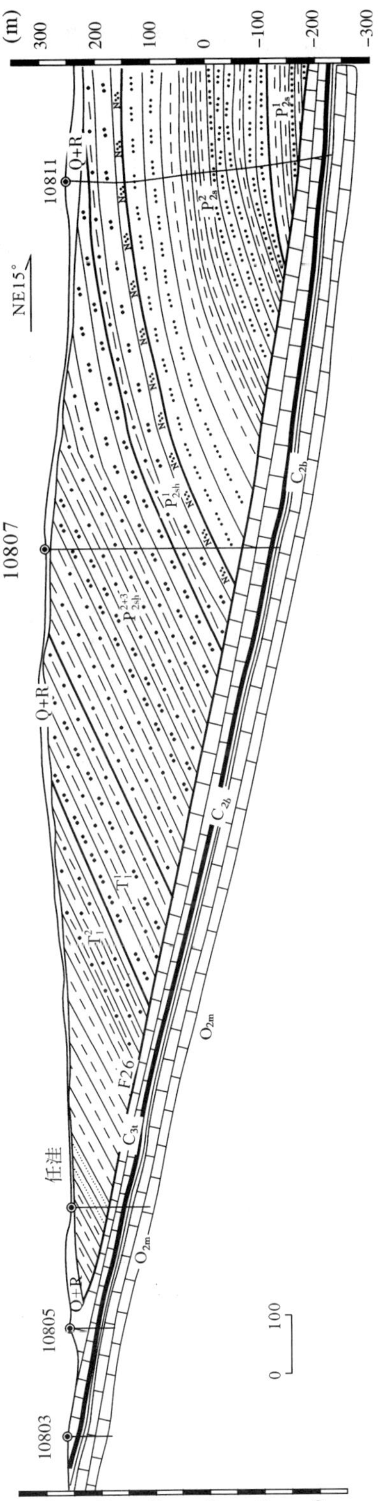

图 4-2　王河煤矿 108 线剖面

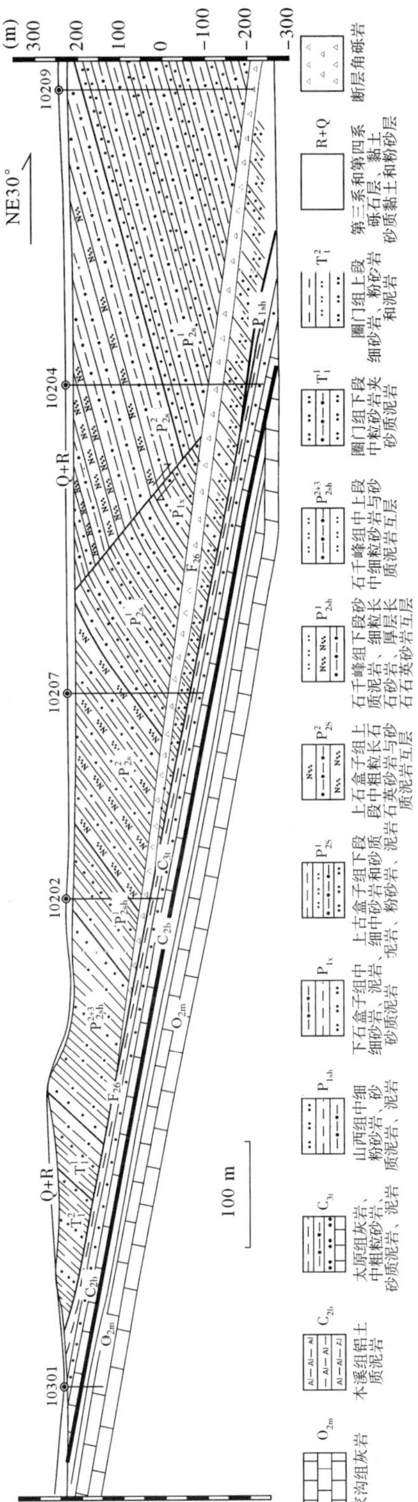

图 4-3　王河煤矿 102 线剖面

4.1.2.5 F_1 断层

F_1 断层位于102 勘探线深部,走向近东西,倾向北,北盘下降,倾角70°,落差200 m,延展长度为1 500 m。

4.1.2.6 双楼背斜

双楼背斜位于井田西北部,轴部位于陈家门、北毛沟、刘河村一线,轴向近东西,呈“S”形展布。两翼出露地层均为二叠系上石盒子组地层,南翼地层倾向南,倾角30°,北翼倾向北,倾角10°。受北东向左行平移断层(F_{317})影响,将双楼背斜分为两段,西段双楼背斜,东段为盆窑背斜。

4.2 含水层与隔水层

4.2.1 主要含水层

王河矿区分布的主要含水层有:奥陶系灰岩岩溶裂隙含水层、石炭系太原组下段(L_{1-3})灰岩含水层、石炭系太原组上段(L_{7-9})灰岩含水层、$二_1$ 煤层顶板砂岩含水层、二叠系砂岩含水层组、第四系松散沉积物孔隙水含水层组。王河矿主采太原组$一_1$ 煤,其顶板为石炭系太原组 L_{1-2}灰岩,岩溶裂隙较发育,富水性较强。$一_1$ 煤层底板之下8~10 m分布有奥陶系灰岩,岩溶十分发育,富水性强,承压水头高,富含岩溶水。因此,威胁$一_1$煤层安全开采的含水层主要是煤层顶板的L_{1-3}灰岩含水层和煤层底板的奥陶系灰岩岩溶裂隙含水层。

4.2.1.1 奥陶系灰岩岩溶裂隙含水层

奥陶系灰岩岩溶裂隙较发育,但不均匀,在断层破碎地段,岩溶裂隙发育,富水性强,钻孔单位涌水量为0.5~11.69 L/(s·m)。根据钻孔揭露,顶面以下30 m范围内岩溶较发育,岩溶形态包括溶孔、溶蚀裂隙和小溶洞,钻孔揭露溶洞高0.10~1.0 m,最大可达5.6 m,部分溶洞、溶蚀裂隙被黏土充填。

奥陶系灰岩含水层富含岩溶承压水,上距$一_1$ 煤层底板10 m左右,是威胁煤矿安全开采的直接充水含水层。王河矿多次发生以奥灰水为水源的突水,最大突水量为1 500 m^3/h。

4.2.1.2 石炭系太原组 L_{1-3}灰岩含水层

石炭系太原组L_{1-3}灰岩含水层由石炭系太原组L_{1-3}灰岩构成,厚度为7.68~14.37 m,平均厚度为10 m左右。岩溶发育程度一般,除浅部风化带及断裂带附近岩溶较发育和富水性较强外,其余地区岩溶不太发育,富水性较差。钻孔单位涌水量为0.000 43~6.97 L/(s·m)。

4.2.2 主要隔水层

王河矿区的主要隔水层由位于$一_1$ 煤层底板的本溪组浅灰色铝土岩及铝土质泥岩组成,含大量的鲕粒和豆粒,底部为褐红色铁矿层。根据矿区31个钻孔揭露情况表明,该层层位基本稳定,厚度一般为8~10 m,平均厚度只有9 m(见表4-1),局部厚度较大,如补3孔揭露最大厚度达到20.15 m。该隔水层虽有一定隔水作用,但隔水效果有限。主要原因是:①铝土泥岩厚度较小,抗压强度较低;②在采动影响下,隔水层受到破坏,有效隔水层厚度减小;③矿区构造裂隙十分发育,大裂隙常将煤层及顶底板含水层相互沟通。

表 4-1　王河煤矿钻孔揭露本溪组泥岩厚度统计

孔号	厚度(m)	孔号	厚度(m)	孔号	厚度(m)	孔号	厚度(m)
补 3	20. 15	10407	9. 45	10004	13	10202	12. 2
补 6	7. 26	10107	8. 09	9302	7. 8	10207	11
补 7	14. 99	10303	9. 63	9303	9	10204	8
补 8	8. 66	11205	7. 66	9304	8. 4	10801	4. 2
注 3	12. 1	10807	8. 8	9305	8. 4	10803	4. 8
补 4	11	11403	10. 1	9306	6. 6	10805	7. 8
J1	11. 18	J2	10	J3	10. 49	J4	10. 22
J5	10. 3	J6	10	J7	6. 3		

4.3　岩溶水动态及流场

4.3.1　岩溶水水位动态

王河煤矿处于荥巩煤田山前奥灰含水层最富水的区域,是岩溶地下水强径流带和富集带。岩溶水系统主要补给来源为天然条件下的大气降水,主要排泄方式为矿井排水,因此岩溶水动态主要受降水和矿井排水的双重影响,其类型主要为降水—开采型。

图 4-4 为历年来王河岩溶水位(花河奥灰长期观测孔水位)与矿井涌水量、降雨量的关系曲线。从图中可以看出,自 2003 年以来,王河矿一带岩溶水位持续下降。2003 年初,花河奥灰长期观测孔水位为 35 m 左右,2008 年 12 月底水位下降至 -30 m 左右,水位降幅 65 m,平均每年下降 13 m。而 2003 ~ 2008 年降雨量并没有减少,反而有增加的趋势(如 2007 年和 2008 年),说明岩溶水位持续下降不是补给减少造成的,主要是受矿井排水的影响。通常情况下涌水量变大时水位下降,涌水量变小时水位上升。如 2003 ~ 2007 年 10 月,涌水量总体变化趋势变大,水位持续下降。但是,2007 年 11 月 ~ 2008 年 4 月旱季降雨量小,涌水量下降,水位却小幅度上升,其原因是由 109070 工作面注浆堵水造成的;2008 年 5 月到年底受大峪沟突水影响,王河矿涌水量急剧下降,但岩溶水位仍大幅度下降,说明王河矿水位不仅受本矿井排水量的影响,还受相邻矿井排水的影响。岩溶水位持续下降表明岩溶水系统排泄量已经超过补给量,处于负均衡状态,矿井排水以消耗储存资源为主。

岩溶水水位在逐年下降的大趋势下,年内有上下波动,总体呈现雨季集中补给、常年消耗的特点,在一个水文年内,其随降水量的季节变化波动(见图 4-4)。每年 6 ~ 10 月的丰水期为水位上升期,此间岩溶水获得大气降水补给,水位上升,至 10 月下旬达到全年最

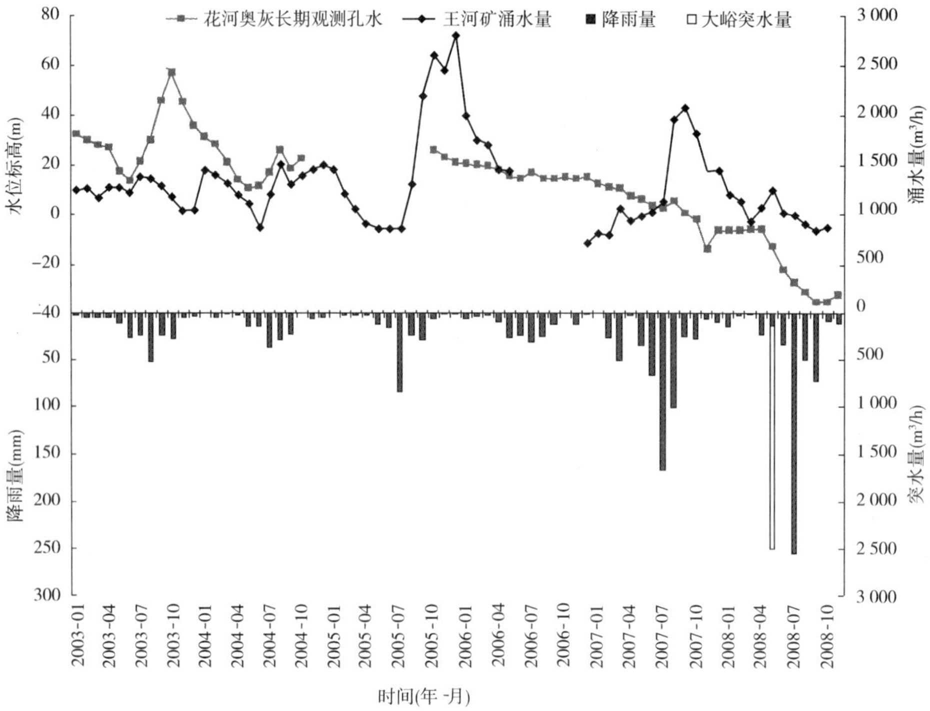

图 4-4　历年来王河岩溶水位与矿井涌水量、降雨量的关系曲线

高水位。11 月至次年 5 月为水位下降期，因持续矿井排水，水位下降，至次年 5 月降至年内最低值。

年内水位变幅与丰水期降水量大小密切相关，如 2003 年丰水期，花河矿岩溶水位从 5 月底的 17.3 m 上升至 10 月底的 57.2 m，水位上升幅度为 39.9 m；2004 年汛期降水量较小，花河奥灰长期观测孔水位从 5 月底的 10.8 m 上升至 10 月底的 22.3 m，水位上升幅度为 11.5 m；2008 年 6～10 月降水丰沛，本应该得到回升的水位却急剧下降，到 10 月底下降到 －35.11 m，水位下降幅度为 22.42 m。同时，王河矿区 4 口井下观测孔水位也从 5 月开始水位急剧下降，水位下降幅度均达 21 m 左右（见图 4-5）。2008 年 5 月王河新中矿一带岩溶水位急剧下降，主要与大峪沟此间发生的大流量突水有关。

通常远离矿井处岩溶水水位受矿井排水影响小于矿井现采工作面处。如申庄硫铁矿长期观测井水位高于井下测压孔水位，受排水量影响小，而受降水影响较明显。从图 4-6 中可以看出，在雨季 8～11 月，申庄硫铁矿长期观测井水位动态受降雨影响呈现波峰—波谷的岩溶水动态类型。8 月 1 日左右受 7 月 30～31 日降雨的影响，水位最高，当降雨结束时，水位开始下降；另一个水位高峰在 9 月 19 日左右，主要受 9 月 18～19 日降水的影响。其他时刻主要受矿坑排水影响下降，但下降幅度小于井下测压孔。王河 4 个井下测压孔水位受降水影响不大，从 5 月中旬到 10 月中旬基本上持续下降，到 10 月下旬才略有回升。

4.3.2　矿井涌水量动态

图 4-4 显示了王河矿多年矿井涌水量与降雨量的关系。从图 4-4 中可以看出，受降

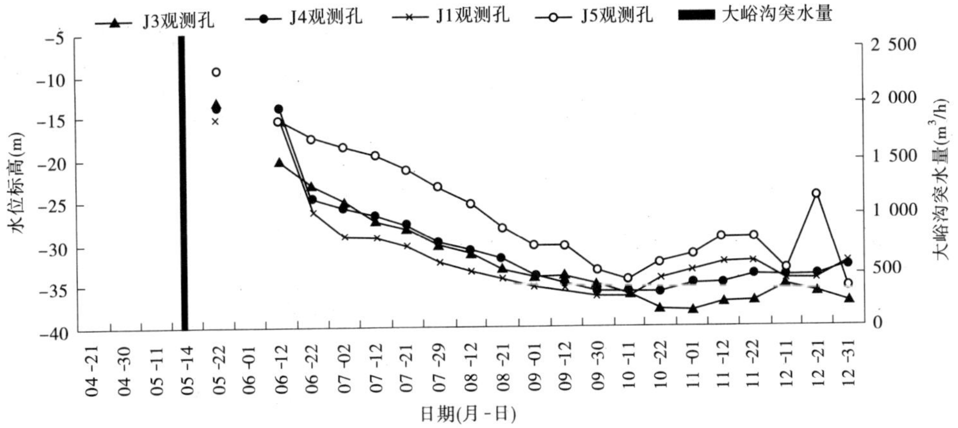

图 4-5　王河矿岩溶水水位动态曲线(2008 年 4～12 月)

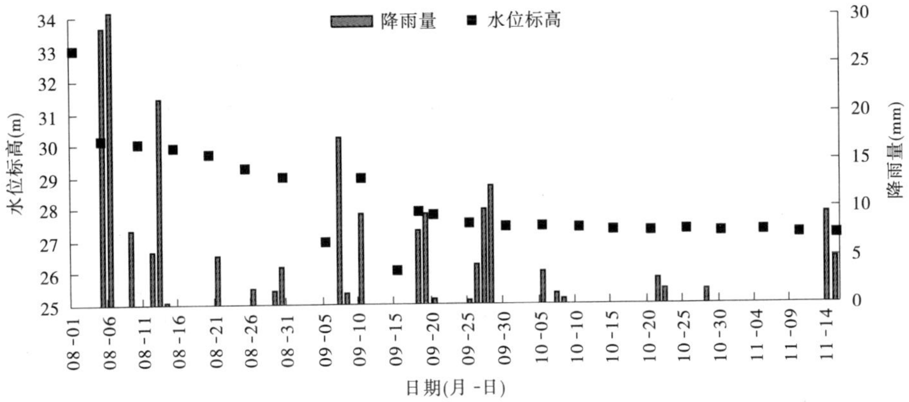

图 4-6　申庄硫铁矿长期观测井水位动态曲线(2008 年 8～11 月)

水补给影响,矿井涌水量在每年 6～10 月会有所增加,汛期降水量越大,增幅越大。王河矿 2003 年 6 月涌水量为 750 m^3/h,10 月增加到 1 550 m^3/h,增加了一倍多;2005 年 6 月平均涌水量为 850 m^3/h,10 月增加至 2 600 m^3/h,增加了两倍多;2007 年 6 月涌水量为 1 027 m^3/h,9 月份涌水量为 2 081 m^3/h,增加了一倍多。2008 年涌水量在雨季没有增加,反而下降,这主要受大峪沟突水影响,说明王河矿与相邻矿区岩溶水存在较密切的水力联系,故其矿井涌水量受相邻矿井排水的影响。

王河矿区径流—开采型主要分布于岩溶水系统的强径流区,岩溶水动态影响因素主要是矿井排水。目前,采煤排水已形成大规模降落漏斗,使西部及北部的地下水向此径流,成为径流—开采型。

4.3.3　岩溶水流场

在整个荥巩矿区宏观渗流场控制下,王河矿渗流场特征通过 7 个井下观测孔、北部的花河奥灰长期观测孔及南部申庄硫铁矿井的水位资料绘制得出(见图 4-7)。

从图 4-7 中可以看出,王河矿区岩溶水自南向北径流。漏斗中心在现采区 109070 工作面附近。

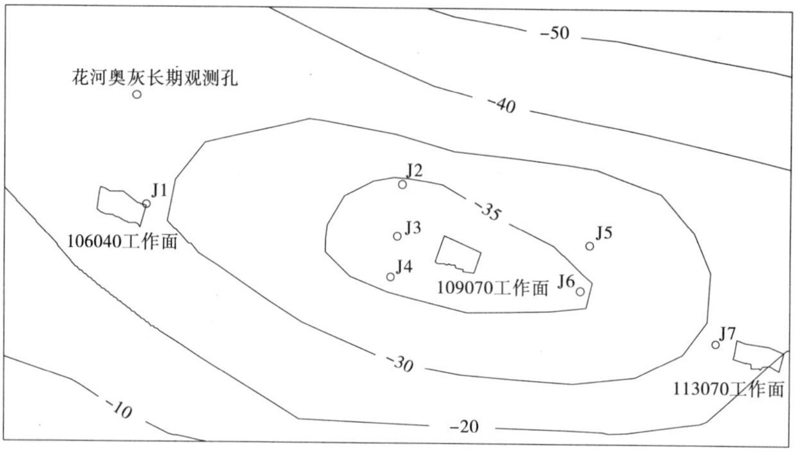

图4-7 王河矿区2008年11月岩溶水等水位线

4.4 矿区水化学特征及水质评价

4.4.1 矿区水化学特征

在此次水样采集测试和收集2007年1月矿区突水点水样测试结果的基础上，讨论矿区岩溶水的水化学特征。共分析了矿区25个水样的水质资料，其中矿井顶板水样5个，底板水样14个，浅层机井水样3个，地表水3个。全部水样采用常量成分分析，分析结果见表4-2。根据表4-2绘制Piper三线图（见图4-8）并进行舒卡列夫分类。从图4-8中可以看出，其水化学类型可分为2个区，水化学特征具有以下规律：

（1）矿区顶板水和底板水落在三线图相邻区域，水化学类型均为$HCO_3-Ca\cdot Mg$或$HCO_3\cdot SO_4-Ca\cdot Mg$。水中阳离子以$Ca^{2+}$、$Mg^{2+}$为主，$K^+$、$Na^+$含量很低；阴离子$HCO_3^-$含量较高，$SO_4^{2-}+Cl^-$含量一般，但以$SO_4^{2-}$为主，且分布较离散，变化很大。矿井水大多与南部补给区的灰岩水水化学类型接近，随着径流途径的增长及与煤系地层的接触，水的矿化度较补给区高，SO_4^{2-}含量变大。这说明矿井水主要的补给来源为南部山区灰岩水。

（2）地表水中阳离子仍以Ca^{2+}、Mg^{2+}为主，但阴离子以$SO_4^{2-}+Cl^-$为主，HCO_3^-含量较低。与矿井顶底板水的水化学性质相差很大，说明地表水与矿井岩溶地下水没有明显的水力联系。

（3）浅层机井中的孔隙水与地表水及矿井顶底板水水化学性质相差较大，说明它们之间的水力联系也不大。

（4）由三线图4-8可知，大部分矿井顶板水和底板水水化学性质很接近，说明顶底灰岩含水层有水力联系；但仍有个别的底板水的水化学与大多数顶底板水不同，如2009年7月取的J3底板水，由于取样时J3孔刚打，新鲜的奥灰水尚未与煤层及顶板水发生联系，其TDS和其他离子含量都很低，说明J3孔揭露的奥陶系灰岩水尚未和石炭系L_{1-2}灰

表 4-2　王河矿区地表水与地下水水化学分析结果

编号	取样位置	水样类型	pH 值	$K^+ + Na^+$ (mg/L)	Ca^{2+} (mg/L)	Mg^{2+} (mg/L)	Cl^- (mg/L)	SO_4^{2-} (mg/L)	HCO_3^- (mg/L)	总硬度(以 $CaCO_3$ 计)	TDS (mg/L)	水化学类型	取样时间
1	109070 回风巷	矿井顶板水	7.84	0.07	99.24	31.71	10.39	88.95	330.61	378.38	395.67	HCO_3 – Ca · Mg	2007-01-27
2	109020 回风巷(–162 m 大巷)		8.32	0.05	89.38	30.34	10.39	63.54	325.91	348.10	356.66	HCO_3 – Ca · Mg	2007-01-27
3	106030 回风巷		7.72	10.79	89.00	33.20	15.56	78.37	339.45	358.91	396.65	HCO_3 – Ca · Mg	2007-03-06
4	109 东大巷 –159 m 顶板水		7.3	14.20	72.43	28.54	10.78	165.67	317.20	298.12	450.81	HCO_3 · SO_4 – Ca · Mg	2009-07-22
5	109020 采面 –50 m 顶板水		7.7	7.63	74.83	29.39	8.68	85.20	347.70	307.62	382.55	HCO_3 – Ca · Mg	2009-07-22
6	109070 采面第一次出水	矿井底板水	6.9	30.75	81.96	21.27	17.02	58.60	327.66	292.00	373.43	HCO_3 – Ca · Mg	2007-03-23
7	109070 采面第二次出水		7.99	31.07	85.83	24.11	13.90	79.92	339.76	313.61	404.71	HCO_3 – Ca · Mg	2007-08-12
8	J3		9.67	15.99	5.04	18.73	10.46	0.74	140.30	89.62	121.74	HCO_3 – Mg	2009-07-22
9	王河矿 109020		7.5	9.48	75.75	30.85	15.10	90.78	267.27	316.10	355.60	HCO_3 · SO_4 – Ca · Mg	数据来自河南理工大学报告(2006～2007)
10	王河矿 106030		7.4	13.35	92.20	31.15	15.10	80.02	342.02	358.44	402.83	HCO_3 – Ca · Mg	
11	王河矿 109070		7.3	14.23	85.73	28.13	15.99	82.42	304.67	329.81	378.84	HCO_3 – Ca · Mg	
12	王河 109 采区 –162 m 大巷		7.5	10.80	94.69	27.21	15.99	60.90	346.35	348.43	382.77	HCO_3 – Ca · Mg	
13	J1		7.3	19.87	83.885	33.257	11.84	107.51	353.8	346.13	434.07	HCO_3 · SO_4 – Ca · Mg	2009-04-30
14	J2		9.43	17.55	84.091	31.602	10.69	77.33	414.8	339.83	429.32	HCO_3 · SO_4 – Ca · Mg	
15	J3			23.72	78.135	37.559	13.07	63.55	427.00	349.48	430.60	HCO_3 – Ca · Mg	
16	J4		8.45	23.63	83.425	36.431	13.66	72.84	427.00	358.04	444.33	HCO_3 – Ca · Mg	
17	J5		6.8	14.38	78.766	34.772	10.69	71.05	439.20	339.59	430.33	HCO_3 – Ca · Mg	
18	J6			18.99	79.554	41.874	11.45	56.83	366.00	370.77	393.70	HCO_3 – Ca · Mg	
19	J7		6.5	18.45	77.902	33.816	11.23	64.48	384.30	333.50	399.37	HCO_3 – Ca · Mg	
20	刘河小寨	浅层机井	7.05	7.14	99.089	15.678	14.938	86.46	378.2	311.73	419.31	HCO_3 – Ca	2008-07
21	窝张村		7.46	11.945	88.564	17.697	17.79	29.818	408.7	293.78	375.66	HCO_3 – Ca	
22	关地沟村		7.04	9.32	108.112	25.9	47.258	172.593	317.2	376.30	522.04	HCO_3 · SO_4 – Ca · Mg	
23	任洼水库	地表水	7.85	12.49	95.91	27.14	56.45	454.73	85.40	350.94	691.32	SO_4 – Ca · Mg	
24	王河水库(康乐园)		7.56	7.29	47.34	9.65	11.45	229.05	256.20	157.83	438.13	SO_4 · HCO_3 – Ca	2008-09-17
25	王河煤矿大的排水池		7.28	15.43	36.95	7.28	10.95	101.77	280.60	122.12	317.83	HCO_3 · SO_4 – Ca	

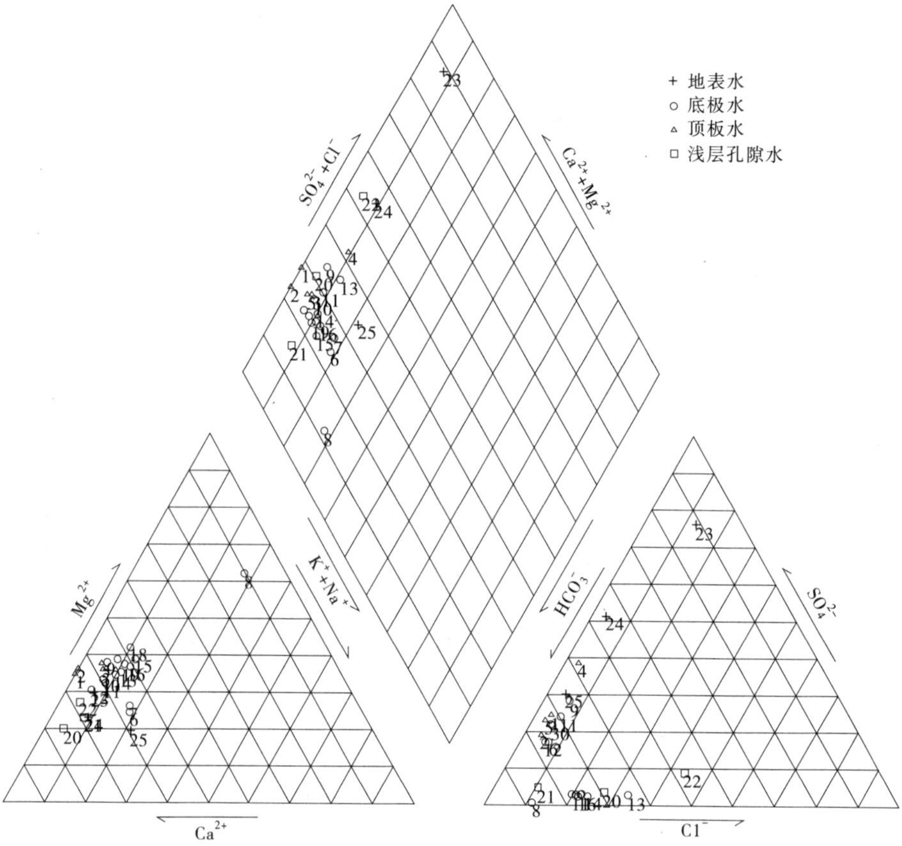

图 4-8　王河矿区地表水和地下水 Piper 三线图

岩含水层发生水力联系，同时表明奥陶系灰岩含水层的非均质性。随着时间的推移，2009 年 4 月底取的 J3 孔的水样水化学性质已与大多数顶底板水相似，说明此时 J3 孔的奥灰水已与其他顶底板水混合。

（5）同一地点不同时间所取水样的水化学性质略有差异：后期所取水样的矿化度和 SO_4^{2-} 含量较前期所取水样高。如 6 号和 7 号水样、8 号和 15 号水样、2 号和 4 号水样，这是由于随着时间的延长，矿井顶底板水进一步与煤系地层进行水岩作用，导致水中 SO_4^{2-} 含量增高，矿化度增大。

综上所述，从水化学资料进一步说明王河矿区岩溶水的补给径流排泄条件：矿区底板奥灰岩溶水和顶板石炭系 L_{1-2} 灰岩水水力联系密切，其主要补给来源为南部山区岩溶水；矿区岩溶水与矿区地表水、浅层孔隙水均没有直接的水力联系。因此，南部山区岩溶水的补给和赋存条件直接决定了矿区矿井涌水量的多少。

4.4.2　水质评价

依据此次采集的矿区矿井水、地表水、浅层孔隙水水样测试分析资料，对王河矿区各类水质进行综合评价，重点评价矿井水和地表水，从水源功能上重点评价工业用水及生活用水。

矿区各类水水质化验分析项目包括色度、口味、气味、浊度，化学成分分析包括K^+、Na^+、Ca^{2+}、Mg^{2+}、Cl^-、SO_4^{2-}、HCO_3^-、NO_3^-、NO_2^-、F^-、$Fe^{2+}+Fe^{3+}$、PO_4^{3-}、Zn、Cu^{2+}、Pb、Cd、Se、Mn、As、Cr^{6+}、总硬度、阴离子合成洗涤剂、氰化物、酚类、矿化度和pH值等。

4.4.2.1　生活饮用水水质评价

生活饮用水的水质直接影响着人类健康和人民生命安全。因此，对水质要求较严格。对生活饮用水进行评价是，首先要按照规定进行取样、检测分析，其次要对分析结果和采用的分析方法进行全面的复查，然后根据复查的结果按照《生活饮用水卫生标准》(GB 5749—2006)中规定的指标逐项进行对比评价。只有全部项目符合标准要求时，才能作为生活饮用水。

因此，对王河煤矿矿区地表水和地下水按照《生活饮用水卫生标准》(GB 5749—2006)进行对比评价，对照结果见表4-3。

从表4-3中可以看出，不适合标准生活饮用水的水样是刘河小寨浅层机井水、窝张村浅层机井水、任洼水库、王河水库、王河煤矿大排水池。矿区内岩溶地下水除J6水样铁含量高、J2水样pH值偏大及J7水样的硒含量略高外，其他水样的各项指标均符合生活饮用水标准。总之，矿区地表水均为王河矿井排水，不可作为生活饮用水；矿区浅层机井的孔隙水受矿井排水补给的影响，大多不符合生活饮用；矿区顶底板岩溶水除少数水样的个别指标超标外，大部分适合生活饮用。王河矿新打的地面水文地质试验孔兼供水井中的水样各项指标都符合生活饮用水的标准。

4.4.2.2　工业用水水质评价

锅炉用水主要考虑成垢作用、腐蚀作用、起泡作用三个因素，并以锅垢总量H_0、硬垢系数K_n、腐蚀系数K_k和起泡系数F进行评价。计算方法如下：

(1)锅垢总量H_0。

$$H_0=S+C+36\gamma Fe^{2+}+17\gamma Al^{3+}+20\gamma Mg^{2+}+59\gamma Ca^{2+}$$

当$H_0<125$时，为锅垢很少；当$125\leqslant H_0<250$时，为锅垢较少；当$250\leqslant H_0\leqslant 500$时，为锅垢较多；当$H_0>500$时，为锅垢很多。

(2)硬垢系数K_n。

$$H_n=SiO_2+20\gamma Mg^{2+}+68(\gamma Cl^-+\gamma SO_4^{2-}-\gamma Na^+-\gamma K^+)$$

$$K_n=H_n/H_0$$

当$K_n<0.25$时，为软沉淀物水；当$0.25\leqslant K_n\leqslant 0.50$时，为中等沉淀物水；当$K_n>0.50$时，为硬沉淀物水。

(3)腐蚀系数K_k。

$$K_k=1.008(\gamma Mg^{2+}-\gamma HCO_3^-)$$

当$K_k>0$时，为腐蚀性水；当$K_k<0$且$K_k+0.0503\gamma Ca^{2+}>0$时，为半腐蚀性水；当$K_k+0.0503\gamma Ca^{2+}<0$时，为非腐蚀性水。

(4)起泡系数F。

$$F=62\gamma Na^++78\gamma K^+$$

当$F<60$时，为不起泡水；当$60\leqslant F\leqslant 200$时，为半起泡水；当$F>200$时，为起泡水。

表 4-3　王河矿区矿井水、地表水及浅层孔隙水生活饮用水评价

水样类型		矿井水											浅层孔隙水			地表水			
分析因子	标准值（mg/L）	J1	J2	J3	J4	J5	J6	J7	东大巷顶板水	109020顶板水	新建煤矿	花河煤矿	王河煤矿水文孔 SH1	刘河小寨机井	窝张村机井	关地沟机井	任洼水库	王河水库	王河矿排水池	评价结论
臭和味	无异臭异味	无	无	无	无	无	无	无	无	无	无	无	无	无	无	无	无	有	无	王河水库不符
肉眼可见物	不得含有	无	无	无	无	无	无	无	无	无	无	无	无	无	无	无	有	有	有	王河和任洼水库不符
氟化物	≤1.0	0.81	0.49	0.9	0.67	0.9	1.82	1.16	0.57	0.39	0.36	0.51	0.3	0.29	0.35	0.26	0.62	0.6	0.46	全部符合
氯化物	≤250	11.84	10.7	13.1	13.7	10.7	11.5	11.2	10.78	8.68	38.55	11.09	8.98	14.94	17.79	47.26	56.45	11.44	10.95	全部符合
亚硝酸盐	≤0.005	0	0	0	0	0	0	0	0	0	0	0	0	0.18	1.08	0	0.03	0	0	任洼、刘河小寨及窝张不符
硝酸盐	≤20	0	0.17	0.18	0.18	0.18	0.18	0.19	0.02	2.59	18.62	0.01	2.27	6.45	4.07	0	1.25	4.65	4.71	全部符合
硫酸盐	≤250	107.5	77.3	63.6	72.84	71.1	56.8	64.5	165.67	85.2	144.72	103.84	80	86.46	29.82	172.59	454.73	229.05	101.77	任洼水库不符
砷	≤0.05	0.015	0.02	0.01	0.017	0.03	0.014	0.019	0	0.01	—	0	0.000 1	0.01	—	0.01	0	0.01	—	全部符合
铬	≤0.05	—	—	—	—	0	—	0	—	—	—	—	0.01	—	—	—	—	—	—	全部符合
镉	≤0.01	0	0.001	0.003	0.001	0.003	0.003	0.003	—	0	—	—	0.005	—	0	—	0	—	—	全部符合
铜	≤1.0	0.001	0.004	—	0.004	—	—	—	—	—	—	—	0.05	—	—	—	—	—	—	全部符合
总铁	≤0.3	—	0.002	—	0	0.049	0.985	0.001	0.05	0.04	0.06	0.05	0.05	0.03	0.03	0.02	0.71	—	—	任洼水库和J6不符
锰	≤0.1	0.014	0.006	0.1	0.012	0.007	0.055	0.032	0.04	0	0	0.03	0.05	0.01	0	0	0.01	—	—	全部符合
铅	≤0.05	0.015	0.026	0.026	0.021	0.023	0.021	0.023	—	—	—	0	0.01	—	—	—	—	—	—	全部符合
硒	≤0.01	0.004	0.005	0.004	0.007	—	0.006	0.015	—	0	0	0	0.000 3	0.02	—	0.01	0	0.02	0.02	刘河小寨、王河水库及排水池、J7不符
锌	≤1.0	0.002	0.005	—	0.004	0.009	0.002	0.001	0.01	0.01	0.01	0	0.05	0.01	0	0	0.01	—	—	全部符合
洗涤剂	≤0.3	<0.05							<0.05	<0.05	<0.05	<0.05	0.01	<0.05	<0.05	<0.05	<0.05	<0.05	<0.05	全部符合
氰化物	≤0.05	<0.001							<0.001	<0.001	<0.001	<0.001	0.002	<0.001	<0.001	<0.001	<0.001	<0.001	<0.001	全部符合
pH 值	6.5～8.5	7.3	9.43		8.45	6.8		6.5	7.3	7.7	7.48	7.32	7.52	7.05	7.46	7.04	7.85	7.56	7.28	J2 不符
总硬度	≤450	346.1	340	350	358	339.6	370.8	333.5	298.12	307.62	401.25	310.2	375.4	311.73	293.78	376.3	350.94	157.82	122.12	全部符合
矿化度	≤1 000	434.1	429	431	444.3	430.3	393.7	399.4	450.81	382.55	577.01	413.34	402	419.31	375.66	522.04	691.32	438.13	317.83	全部符合

以上式中：S 为悬浮物总量，mg/L；C 为胶体总量，mg/L；SiO_2 为二氧化硅含量，mg/L；γFe^{2+}、γAl^{3+} 为离子含量，mmol/L。

评价结果见表 4-4。

表 4-4　锅炉用水水质评价成果

水样位置	监测日期（年-月）	成垢作用				腐蚀作用		起泡作用	
		锅垢总量	评价	硬垢系数	评价	腐蚀系数	评价	起泡系数	评价
东大巷顶板水（－159 m）	2008-07	260.27	锅垢较多	1.02	硬沉淀物水	－2.87	半腐蚀性水	35.79	不起泡
J1	2009-04	301.70	锅垢较多	0.58	硬沉淀物水	－3.09	半腐蚀性水	50.99	不起泡
J2	2009-04	299.58	锅垢较多	0.45	中等沉淀物水	－4.23	非腐蚀性水	44.84	不起泡
J3	2009-04	291.85	锅垢较多	0.38	中等沉淀物水	－3.94	非腐蚀性水	61.47	半起泡
J4	2009-04	305.57	锅垢较多	0.40	中等沉淀物水	－4.03	半腐蚀性水	61.26	半起泡
J5	2009-04	289.19	锅垢较多	0.48	中等沉淀物水	－4.37	非腐蚀性水	36.94	不起泡
J6	2009-04	304.40	锅垢较多	0.40	中等沉淀物水	－2.57	半腐蚀性水	48.24	不起泡
J7	2009-04	285.01	锅垢较多	0.41	中等沉淀物水	－3.55	半腐蚀性水	47.57	不起泡
109020 顶板水	2008-07	268.73	锅垢较多	0.61	硬沉淀物水	－3.31	半腐蚀性水	19.69	不起泡
花河煤矿	2008-07	267.74	锅垢较多	0.62	硬沉淀物水	－3.20	半腐蚀性水	49.80	不起泡
新建煤矿	2008-07	392.98	锅垢较多	0.74	硬沉淀物水	－5.12	半腐蚀性水	28.16	不起泡
刘河小寨	2008-07	317.56	锅垢较多	0.49	中等沉淀物水	－4.95	半腐蚀性水	19.19	不起泡
窝张机井	2008-07	289.91	锅垢较多	0.24	软沉淀物水	－5.29	非腐蚀性水	32.06	不起泡
任洼水库	2008-07	327.95	锅垢较多	2.33	硬沉淀物水	0.84	腐蚀性水	31.49	不起泡
王河煤矿排水池	2008-09	120.75	锅垢很少	1.14	硬沉淀物水	－4.03	非腐蚀性水	38.26	不起泡
王河水库	2008-09	155.25	锅垢较少	2.20	硬沉淀物水	－3.43	非腐蚀性水	18.58	不起泡

由表 4-4 可以看出，地下水或矿井水大部分为锅垢较多的中等到硬沉淀物水，属非腐蚀到半腐蚀性不起泡水。地表水中，任洼水库为锅垢较多，属硬沉淀物腐蚀性水；王河煤矿大排水池及王河水库水的锅垢较少，但为硬沉淀物水，无腐蚀性、不起泡。浅层孔隙水锅垢较多，为中等—硬沉淀物水，无腐蚀性或半腐蚀性，不起泡。

第 5 章　王河矿充水条件及突水危险性评价

5.1　相邻矿井水文地质特征及充水条件分析

5.1.1　相邻生产矿井水文地质特征

王河井田相邻较大生产矿井从西向东依次为大峪沟、新中、徐庄、中原煤矿等，这些矿井主采$一_1$煤，煤层顶板分布有太原组 L_{1-2}灰岩含水层，煤层底板分布有奥灰强含水层，底板本溪组泥岩隔水层厚度为 8 ~ 10 m，往往起不到隔水作用。因此，这些矿井普遍存在相似的水害问题。研究相邻矿井的水文地质特征和一些代表性的水害事件可以帮助我们查明王河煤矿充水条件和突水机理。

5.1.1.1　相邻矿井与王河矿井的水力联系

山前奥陶系灰岩浅埋区，尤其是新中—王河—徐庄—三李一线，岩溶发育，连通性好，岩溶水具有统一的水位，动态上同步升降。表现在矿井突水方面，当某矿发生水量较大的突水后，不仅造成本矿突水点水量减少甚至断流，还会波及到外围较远范围，造成邻矿水位下降或涌水量减少。举例如下：

（1）1979 年 7 月 31 日，新中矿 10 号井东大巷北上山遇到断层破碎带突水，突水量为 800 m^3/h，导致矿井被淹。突水后，井下所有突水点都受到影响，并波及到 15 km 以外的徐庄矿，造成浅部民用井干枯。

（2）1983 年 4 月 6 日，米河煤矿排水复矿过程中，因井下放炮炸水闸墙，导致突水，突水量达到 1 400 m^3/h，造成排水复矿失败。排水至井底时，水位降深为 44 m，形成了影响半径为 3 km^2 的水位下降漏斗。

（3）徐庄煤矿在正常排水情况下，其浅部永兴、长兴、郑庄、陈河等小煤矿基本无水。2005 年 8 月 20 日，徐庄矿顺发井突水，初期突水量 1 000 m^3/h，后期突水量为 4 000 m^3/h，导致顺发井及浅部小煤窑均被淹（井下可能贯通）。

（4）1985 年 4 月 20 日，王河煤矿发生突水量为 1 008 m^3/h 的突水，水源为奥灰岩溶水，使 4 km 之外的米河矿水位下降 2.0 m，徐庄矿排水量减少，新中 8600 孔水位下降 2.40 m。

（5）2008 年 5 月 14 日，大峪沟矿突水，突水量最大达 2 600 m^3/h，几天后新中、王河水位开始大幅度下降，且涌水量也开始减少。

上述事实表明，新中—王河—徐庄一带的奥陶系灰岩，岩溶发育且连通性好，导水性强。大峪沟主要通过深部断裂与王河、新中发生水力联系。因此，相邻矿井的突排水情况能帮助我们分析王河煤矿的水文地质条件。

5.1.1.2 相邻矿井的突排水情况

1)大峪沟煤矿 3 号井

大峪沟煤矿 3 号井于 1958 年建成投产,开采$一_1$煤,设计生产能力为 10 万 t/年,经过技术改造,年生产原煤达到 75 万 t。目前开采水平为 -110 m,开采最深达到 -200 m。该矿水文地质条件为中等 - 复杂,开采过程中未见大的断裂及褶曲,但常见落差为几十厘米至 2 ~ 3 m 的小断裂。矿井正常涌水量为 350 ~ 700 m^3/h,一般为 500 m^3/h。建矿至今发生过 5 次突水,1982 年 8 月 27 日,六三盘区工作面放炮后底板突水,最大突水量为 1 225 m^3/h,3 d 后降至 600 m^3/h。2005 年 11 月 28 日,二七盘区掘进时,底板底鼓突水,突水量为 120 m^3/h。最近一次突水发生在 2008 年 5 月 14 日,主要是受地震影响,突水途径和来源是活动断裂和深部地热循环水,突水量最大达到 2 600 m^3/h。

2)新中煤矿 10 号井

新中煤矿 10 号井于 1959 年建成投产,竖井开拓,井口地面标高 242.55 m,井深 170 m,大巷水平 +72 m,设计生产能力 60 万 t/年,现年产原煤 40 万 ~ 44 万 t,目前矿井排水能力已增大到 6 000 m^3/h。新中矿水文地质条件非常复杂,水害问题突出。矿井正常涌水量为 1 000 ~ 1 300 m^3/h,最高达 3 000 m^3/h。建井以来,先后发生 22 次突水,突水情况见表 5-1。其中一次突水造成淹井,最大突水量为 4 800 m^3/h。1979 年 7 月 31 日,在 10 号井东大巷北上山掘进过程中,遇到断层破碎带,探水过程中钻孔出水,推算突水量为 4 800 m^3/h,导致矿井被淹。在对该突水点注浆钻探过程中,钻进至奥陶系灰岩古剥蚀面时,遇到高 1.1 m 的溶洞,岩芯非常破碎。

表 5-1　新中煤矿历年突水情况

序号	出水时间(年-月-日)	位置	出水量(m^3/h)	标高(m)
C1	1972-09-01	10 号西大巷一上山	850	112
C2	1973-08-18	3 号八顺槽十四上山	180	172
C3	1973-09-06	3 号八顺槽	300	172
C4	1975-04-01	10 号西大巷	2 600	75
C5	1976-06-04	茶店煤矿	390	165
C6	1976-12-16	茶店煤矿	200	169
C7	1977-07-06	10 号东大巷九上山	90	87
C8	1977-07-15	茶店井	300	170
C9	1977-10-25	10 号东大巷九上山	300	112
C10	1978-03-02	10 号东大巷十上山	800	135
C11	1978-05-12	10 号东大巷	1 000	88

续表 5-1

序号	出水时间(年-月-日)	位置	出水量(m^3/h)	标高(m)
C12	1979-07-31	10 号东大巷十上山	3 600	92
C13	1988-04-25	10 号 12050	650	100
C14	1996-08-06	10 号东 920	485	117
C15	1996-08-27	水头煤矿	4 700	
C16	1996-12-21	10 号 16030	550	-10
C17	1999-05-21	双三井	470	-18
C18	1999-08-29	10 号 20020	500	-20
C19	2005-08-01	10 号一八二二采区	880	-39
C20	2005-10-28	10 号一五二一采区	1 500	-85
C21	2007-03-03	10 号一二 280 工作面	241	-60
C22	2007-11-21	米河镇煤矿	3 000	-40

3)徐庄煤矿一号井、二号井、东风井和顺发井

该矿有两套生产系统开采一$_1$ 煤层,西部为一号井、二号井和东风井 3 个竖井组成的一套生产系统,建于 1958 年,原设计开采二$_1$ 煤层,因多次瓦斯突出,严重影响矿井安全生产,于 1976 年经批准延深井筒开采一$_1$ 煤层。1978 年 1 月在一号井南上山 +115 m 水平巷道掘进时发生顶板突水事故,突水量为 1 600 m^3/h,造成一、二号井淹没。1979 年 10 月进行了注浆堵水,效果较好。1989 年 12 月,该生产系统完成改造工程,其设计生产能力为 15 万 t/年,采煤方法为竖井上、下山开拓,走向长壁陷落法开采。构造简单,采掘中未见断层,仅在走向上遇有小型褶曲。矿井正常涌水量为 600 m^3/h,最大涌水量为 800 m^3/h,主要为底板奥灰水。1989 年以来,共发生突水 10 次,最大突水量为 1 600 m^3/h,历次突水情况见表 5-2。

徐庄煤矿顺发井建于 2000 年 1 月,2002 年投产。矿井正常涌水量为 500 ~ 800 m^3/h,正常生产排水情况下,浅部的永兴、长兴、郑庄、陈河等煤矿基本无水。2005 年 8 月 20 日,采区工作面因底鼓致使奥陶系灰岩水沿裂隙涌出,突水量超过 1 000 m^3/h,后期由于浅部小煤窑越界开采,导致降水、地表水、老帮水等通过与小煤窑贯通的巷道涌入顺发井,推测最大突水量 4 000 m^3/h,超过矿井最大排水能力(3 080 m^3/h),因排水不及而淹井,浅部各矿及附近崔庙煤矿、长兴煤矿等也相继淹井停产,至今 +30 m 水平以深仍未恢复生产。技术改造井目前正在建设,涌水量不稳定。

表 5-2　徐庄煤矿突水情况

突水日期（年-月-日）	标高(m)	突水量(m^3/h)	位置	坐标		水源	说明
				X	Y		
1989-10-02	130.0	120	西轨道上山	3838126	38438070	L_{1-2}	
1992-09-07	132.38	204	12030 上巷	3838026	38438360	L_{1-2}	
1992-01-14	132.38	120	12030 上巷	3837970	38438446	L_{1-2}	
1987-03-02	167.25	120	斜风井底部	3837916	38438510	L_{1-2}	
1978-01-08	115.0	1 600	一井南上山	3837986	38438666	L_{1-2}	淹井
1994-07-07	125.36	354	穿巷工作面	3837890	38438930	O_2	
1996-10-29	90.1	534	11060 工作面	3837928	38439350	O_2	
2005-01-06	10.0	150	11170 工作面(顶板)	3838490	38439450	L_{1-2}	
2004	-97.9	200	12210 工作面(底板)	3839010	38438570	O_2	
2004	-150.0	100	12260 工作面	3839330	38438000	O_2	

4）中原煤矿

中原煤矿于 1995 年建矿，1997 年年底建成投产，2005 年资源整合后，2006 年 7 月开始进行技术改造工程。技术改造完成后，设计开采能力 15 万 t/年，开采$一_1$煤，矿井正常涌水量为 260 m^3/h，最大涌水量为 460 m^3/h。

5.1.2　相邻矿井充水条件

5.1.2.1　充水水源

太原组 L_{1-2}灰岩岩溶含水层是$一_1$煤层顶板直接充水含水层。$一_1$煤层底板之下 8～10 m 分布的奥陶系灰岩岩溶十分发育，富水性强，承压水头高，构成煤层底板的直接充水含水层。因此，开采$一_1$煤的矿井不仅排水量大，而且易发生大的突水事故。目前，矿区各矿井涌水量总和已超过 6 250 m^3/h。随着开采深度和开采规模的扩大，煤层底板承受水压增大，时常发生突水淹井事故。根据各矿历年来突水资料统计，既有煤层顶板 L_{1-2}灰岩水突水，也有底板奥灰水突水，但以底板奥灰水突水为主。以 L_{1-2}灰岩水为水源的突水，突水强度较小，突水持续时间较短。以奥灰水为水源的突水，突水强度多在 50 m^3/h 以上，最大突水量可达 1 500 m^3/h，水压大，突水点数月甚至几年不干涸。这是由于 L_{1-2}灰岩厚度薄，出露面积有限，从露头区接受大气降水入渗或第四系孔隙水越流补给量小。L_{1-2}灰岩岩溶水主要来源于奥灰水的垂向补给，与奥灰水水力联系密切，二者水位同步升降。

5.1.2.2　突水通道

从新中矿历年突水点分布图（见图 5-1）可以看出，在 F_{20}和 F_{27}两条断层带附近是岩溶强发育带，至少有 10 次突水发生在这两条岩溶发育带上。表明突水与断层有关。大峪沟矿 2008 年 5 月 14 日的突水也是由断裂活动引起的。

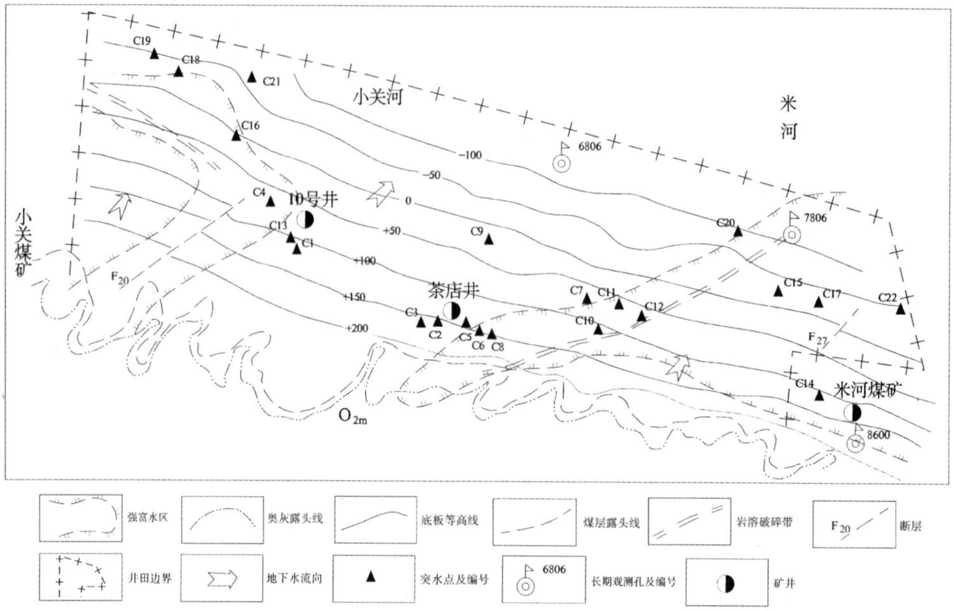

图 5-1　新中矿历年突水点分布

另外，溶蚀裂隙、溶洞、小断层是顶底板岩溶水进入矿井的主要地质通道，采动引起的底板破坏裂隙（底鼓）是奥灰水进入矿井的人为通道。

5.2　王河矿井充水条件

5.2.1　煤矿的开采情况

王河煤矿位于荥阳市刘河镇境内，建于 1969 年 12 月，经改扩建，1987 年核准设计生产能力达到 30 万 t/年。井田东西走向长约 6 km，南北倾向宽 1.6 km，井田面积约 10 km^2。井田北部以一$_1$ 煤层底板 -150 m 等高线为界，南部以风化带露头为界，东部以 114 勘探线为界，西部以荥巩自然边界为界。至 2006 年年底，矿井剩余地质储量 582 万 t，可采储量 438 万 t。主要开采石炭系太原群一$_1$ 煤层，矿井采用立井单水平东西两翼上下山开拓，开采标高 -150 ~ 250 m。自 2002 年，大巷 ±0 m 水平以上已开采完毕，矿井生产全部转入下山。下山主要布置五个采区，其中，东翼布置三个采区，从井田东部边界起依次为 113 采区、111 采区和 109 采区，西翼布置两个采区，分别为 106 采区和 108 采区。目前的开采标高为 -10 ~ -150 m。

5.2.2　历年突水概况

王河煤矿是荥巩矿区突水比较严重的矿区之一，自建井以来共发生突水 65 次。历年突水情况见表 5-3。其中，突水造成淹井两次，淹采区四次。

表5-3　王河煤矿历年突水情况

序号	突水时间（年-月-日）	突水地点	突水点标高(m)	突水水源	突水量(m^3/h)
1	1971-04-05	17080回风巷	73	O_2	15
2	1971-06-26	任湾东巷	172.1		810
3	1979-10-23	东翼上山105采区	63.2	O_2	550
4	1980-10-15	东翼上山	30	L_{1-2}	20
5	1981-03-31	113010回风巷	-3		116.5
6	1981-12-26	东翼大巷600 m处	-2	L_{1-2}	30
7	1982-04-09	东翼17090风巷	13	O_2	50
8	1982-08-22	东翼任湾大巷	175.9		23
9	1983-02-25	任湾老巷	162		81.6
10	1983-04-17	西翌上山	23	O_2	17
11	1983-06-17	西翼老巷	8	L_{1-2}	28
12	1985-01-20	原西翼老巷	-2		60
13	1985-01-20	原西翼老巷上山	-3		70
14	1985-01-25	东翼大巷700 m处	-3		9
15	1985-01-27	东翼12号上山	12		30
16	1985-04-20	原西翼老巷	4	O_2	1 008
17	1985-07-15	东翼下山	0		30
18	1987-04-07	东翼大巷15号点	70	L_{1-2}	86
19	1989-06-22	原西翼老巷	-2	L_{1-2}	763
20	1990-04-07	113040回风巷	-20	L_{1-2}	45
21	1991-12-01	113010采面	-40	O_2	50
22	1992-03-10	17020机巷	145	O_2	180
23	1992-07-01	113020采面	-8		60
24	1992-08-09~16	113050回风巷	-45	L_{1-2}	75
25	1992-09-04	12040回风巷	119	L_{1-2}	70
26	1992-09-21	12040回风巷	119	L_{1-2}	60
27	1992-10-25	12050采面	109	O_2	16
28	1993-02-03	12030采面	86		20
29	1993-03-16	111010工作面	-23	L_{1-2}	34
30	1993-08-19	12070工作面	65	O_2	180
31	1994-04-01	12060采面	87	O_2	50
32	1997-08-01	109050采面	-56.4	O_2	250
33	1997-09-25	109010机巷	-27	O_2	150
34	1998-03-23	12080采面	37	O_2	1 000

续表 5-3

序号	突水时间（年-月-日）	突水地点	突水点标高(m)	突水水源	突水量(m^3/h)
35	1998-03-23	西翼大巷	8	O_2	1 500
36	1999-03-31	—	73		1 000
37	2003-03-26	113080 采面	-65	O_2	350
38	2003-12-23	113070 采面	-73	O_2	65
39	2004-01-09	113110 回风巷	-119	L_{1-2}	15
40	2004-02-11	113070 采面	-66	O_2	50
41	2004-02-13	113070 采面	-77	O_2	40
42	2004-03-01	113 皮带巷	-123	O_2	40
43	2004-10-19	106060 回风巷	-85	L_{1-2}	70
44	2004-10-21	106060 回风巷	-85	L_{1-2}	45
45	2004-10-27	106060 回风巷	-85	L_{1-2}	50
46	2004-11-04	106060 回风巷	-52	L_{1-2}	1 200
47	2005-11-17	109070 回风巷	-89	L_{1-2}	300
48	2006-08-15	109020 回风巷	-62	O_2	100
49	2006-10-19	109090 回风巷	-126.5	L_{1-2}	10
50	2007-01-02	109 采区 -162 m 东大巷	-154	L_{1-2}	45
51	2007-03-03 ~ 11	106030 回风巷	-49	L_{1-2}	192
52	2007-03-22	109070 采面	-114	O_2	278
53	2007-06-12 ~ 07-13	14050 泄水巷	-12	L_{1-2}	130
54	2007-07-20	109070 采面	-111	O_2	40
55	2007-08-03	109070 采面	-120	O_2	18
56	2007-08-12	109070 采面	-105	O_2	500
57	2007-09-10	109070 采面	-100	O_2	135
58	2007-12-31	14050 泄水巷	-10.2	O_2	20
59	2008-01-04	14050 机巷	-6.1	O_2	60
60	2008-03-18	106010 回风巷	-10	O_2	18
61	2008-04-14	109 采区 -162 m 大巷	-119	L_{1-2}	21
62	2008-04-27	113100 工作面上风巷	-84	O_2	25
63	2008-05-01	109070 采面	-115	O_2	30
64	2008-05-16	109 采区 -162 m 上付巷	-162	L_{1-2}	17
65	2008-05-25	109 采区 -162 m 上付巷	-162	L_{1-2}	240

1979年10月23日,105采区工作面在回采过程中,因底板破碎,致使奥灰水突出,突水量为950 m^3/h,由于排水能力不足,造成淹井。

1998年3月23日,西翼大巷掘进和12080工作面回采过程中,同时发生煤层底板奥灰水突水,突水量分别为1 000 m^3/h和1 500 m^3/h,造成矿井被淹。

2003年3月到2004年3月,113080工作面和113070工作面回采过程中,相继发生4次突水,水源为奥灰水,突水总量达到550 m^3/h,加上原有零散涌水量,总水量达到800 m^3/h。由于排水能力不足,造成113采区和111采区被淹。

2004年11月,在106060工作面回风巷掘进过程中,遇到顶板大型裂隙造成突水,突水量为1 000 m^3/h,因采区临时排水能力不足,导致106采区被淹。

近年来的突水主要集中在109070工作面、109采区-162 m大巷、113100工作面及靠近108采空区的14050泄水巷,这些工作面在回采时要注意水害防治。

5.2.3　王河煤矿矿井充水条件

5.2.3.1　充水水源

煤矿的充水水源一般有地下水、大气降水、地表水、老窑水和老空积水。太原组下段L_{1-2}灰岩岩溶水为王河煤矿顶板直接充水水源。煤层底板以下奥陶系灰岩岩溶水,承压水头较高,易突破隔水层而发生底板突水,是王河煤矿底板突水的首要充水水源。大气降水、地表水、浅层孔隙水通过入渗、地下径流等方式补给L_{1-2}灰岩和奥陶系灰岩地下水而成为间接的矿坑充水来源。

1)地下水

由于$一_1$煤层上伏太原组下段L_{1-2}灰岩,赋存其中的岩溶水为煤层开采的直接充水来源。在矿井井巷开拓和回采过程中,L_{1-2}灰岩含水层首先得以揭露和破坏,所赋存的岩溶水以滴水、淋水甚至连续水流等形式直接充入矿坑。

煤层底板的奥陶系灰岩岩溶水也是矿井充水的重要来源,尤其是开采深部煤层时,给安全开采造成威胁。由于煤层底板隔水层厚度小(平均8~10 m),因此在其沉积薄弱地段或在断裂构造发育地段,通过岩溶裂隙、采动破坏裂隙、小断层等通道以突水形式充入矿坑,具有水压高、水量大、破坏性强等特征。

根据历年来王河矿突水情况分析,在统计的65次突水中,顶板突水23次,约占突水次数的35.4%,突水量占总突水量的28.2%,最大突水量为1 200 m^3/h;底板涌水34次,约占突水次数的52.3%,突水量占总突水量的70%,最大突水量为1 500 m^3/h。

从图5-2可以看出,以L_{1-2}灰岩(顶板)水为水源的突水,一般突水强度较小,多数不超过50 m^3/h,突水持续时间较短,在数月内突水点断流,一般不易造成大的突水事故,仅在揭露顶板大型裂隙时才会导致大的突水事故(如2004年11月4日)。而以奥灰水(底板)为水源的突水,突水强度多在100 m^3/h以上,最大突水量可达1 500 m^3/h,水压大,突水点数月甚至几年不干涸,甚至会造成淹井事故,影响矿井正常生产,如王河矿几次大的淹井事故均是由底板水突水引起的。

除了矿区范围内岩溶地下水为矿井直接充水来源,南部灰岩裸露区的岩溶水也是矿区岩溶地下水的补给来源,其通过侧向径流成为矿井充水的间接来源。另外,王河井田西

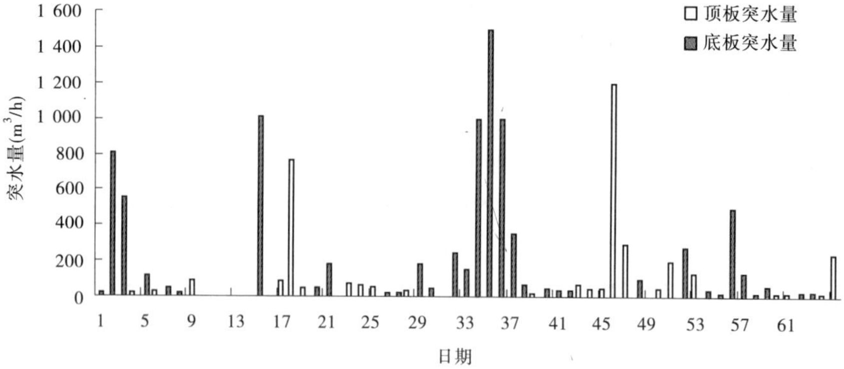

图 5-2　王河煤矿历次突水量柱状图

部的大峪沟井田、新中矿以及东部的徐庄矿、三李勘探等矿井的岩溶地下水与王河矿具有统一的水力联系,地下水位高于王河地下水位,王河矿作为地下水漏斗中心接受来自南部、东部的地下水的侧向径流补给。

2)大气降水和地表水

从王河矿涌水量与降雨量的动态关系曲线(见图 5-3)可以看出,涌水量的动态具有明显的季节性变化,雨季(8～11 月)的涌水量比旱季涌水量大,如 2007 年雨季最大涌水量约为旱季最小涌水量的 3 倍,说明大气降水对矿坑充水有较大的影响。

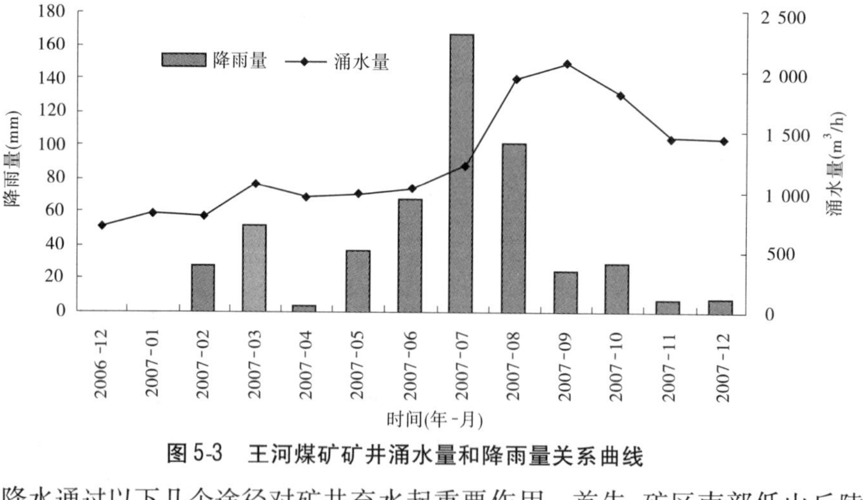

图 5-3　王河煤矿矿井涌水量和降雨量关系曲线

大气降水通过以下几个途径对矿井充水起重要作用。首先,矿区南部低山丘陵区出露大面积的寒武系和奥陶系灰岩,这些灰岩地表岩溶发育,有地表落水洞、溶蚀沟以及岩溶裂隙等,大气降水通过地表岩溶通道补给岩溶地下水,南部的岩溶水再通过地下径流进入一$_1$ 煤层下部的 O_{2m} 灰岩含水层,然后通过底板裂隙、断层、钻孔等进入矿井。其次,在王河井田山前煤层露头线附近,奥陶系灰岩及石炭系薄层灰岩直接被第四系松散沉积物覆盖,大气降水容易通过第四系包气带直接补给下伏的灰岩。石炭系灰岩水通过地下径流进入矿区后直接以顶板水成为矿井充水的重要来源,奥陶系灰岩水则通过径流方式补给煤层下伏的承压含水层从而构成矿井主要的充水来源。另外,大气降水在采空区,尤其在浅部采空区会通过各种裂隙、孔隙及隐伏岩溶或通过回采落顶后的塌陷破裂带进入矿坑。

大气降水作为矿坑充水水源具有季节性变化特征，在雨季大气降水引起的矿坑充水量大，且对浅部的矿坑充水影响大，对深部矿坑充水影响要小一些。

王河井田范围内地表水有任洼水库和王河水库，王河水库河床下面为黄土及二叠—石炭纪的厚层泥岩砂岩互层，导致库水与矿坑无直接水力联系。但是任洼水库位于井田南部采空区，河床下面除黄土及薄层三叠纪砂页岩外就是岩溶水，因此任洼水库的地表水与岩溶水有一定的水力联系。据野外调查，任洼水库在雨季水量较大、旱季水量很小，因此雨季库水可能渗漏补给地下水，尤其开采浅部煤层时对矿井涌水有一定影响。

3）老窑水、老空积水

王河矿 106 采区北边界处分布有花河煤矿，108 采区南部和西部边界也有多个小煤窑，据调查访问，这些小煤矿均有跨越王河井田边界采煤行为，因此这些煤矿老空积水对 108 采区、106 采区构成突水威胁。处在西翼边界附近的小煤矿，因防治水能力低，雨季暴发洪水时，存在洪水直接溃入井下或井下突水的可能，一旦发生将会直接威胁王河矿的安全生产。

王河矿浅部已采区内的老空和老巷积水，也会成为深部采掘生产的充水水源和安全隐患。

5.2.3.2　充水通道

充水通道在采掘生产过程中，往往会揭露一些小型断层。根据 2008 年巷道掘进过程中揭露的断层（见表 5-4）可以看出，断层倾向以北东向为主，一般以落差小于 2 m 的断层为主，大多数不会对突水造成大的威胁。但存在落差大于 2 m 的断层时会对突水造成威胁。如 2008 年 5 月，−162 m 水平大巷上辅巷在掘进时遇到 2.2 m 落差的正断层，断层带内岩石松软破碎，在支护过程中冒落，顶板出水，水量为 280 m^3/h。

表 5-4　王河矿 2008 年巷道掘进过程中揭露的断层一览

序号	地点	倾向及倾角	落差（m）	性质
1	140501 回风巷（17 号点西 17 m 处）	N35°E∠54°	2.2	正断层
2	106010 回风巷（7 号点东 3.5 m 处）	N35°E∠58°	0.5	正断层
3	106010 回风巷（10 号点处）	N35°E∠45°	0.2	正断层
4	113110 回风巷（22 号点处）	N25°E∠75°	0.4	正断层
5	14050 泄水巷（4 号点西 3 m 处）	N50°E∠56°	0.3	正断层
6	14050 泄水巷（7 号点东 2 m 处）	N22°E∠60°	0.4	正断层
7	113100 回风巷（10 号点处）	N4°E∠70°	0.3	正断层
8	109040 回风巷（15 号点处）	N11°E∠70°	0.2	正断层
9	109040 回风巷（15 号点西 3 m 处）	N45°E∠65°	0.3	正断层
10	109 采区 −162 m 东大巷 18 号测点处上山 1 号向西 21 m 处	N30°E∠75°	1.5	正断层
11	109 采区 −162 m 东大巷 18 号测点处上山 1 号向东 47 m 处	N15°E∠65°	2.2	正断层
12	106030 回风巷（6 号点东 2 m 处）	N0°∠55°	0.2	正断层

续表 5-4

序号	地点	倾向及倾角	落差(m)	性质
13	106030 回风巷(7 号点西 1 m 处)	N5°W∠65°	0.5	正断层
14	109090 泄水巷	N5°W∠75°	1.8	正断层
15	106030 回风巷(18 号点东 20 m 处)	N25°E∠66°	0.8	正断层
16	109 采区 -162 m 东大巷 21 号东 12 m 处	N30°E∠53°	2.2	正断层
17	106030 回风巷(21 号点东 11 m 处)	N30°E∠66°	0.5	正断层
18	111 采区 -150 m 泄水巷 17 号西 5.6 m		0.2	正断层
19	109 采区 -150 m 上付巷 9 号西 0.5 m 处	N15°E∠58°	0.5	正断层
20	109 采区 -150 m 上付巷 11 号东 3 m 处	N25°E∠65°	0.8	正断层
21	109 采区 -150 m 东大巷 26 号处	N35°E∠65°	0.3	正断层
22	109 采区 -150 m 西大巷 3 号测点西 26.5 m 处	N10°E∠60°	2	正断层

充水通道采掘过程揭露最多的构造是裂隙。根据巷道掘进过程中的地质记录，在采掘过程中遇岩溶裂隙，一般都会出现滴水、淋水甚至突水现象。如 1979 年 10 月在东翼上山开采时揭露裂隙发生突水，突水量达 550 m^3/h，揭露的裂隙下宽上窄，宽约 0.3 m，裂隙走向 NE45°；2003 年 3 月，在 113080 采面进行正常生产时，因底板裂隙破碎突水，突水量为 350 m^3/h；2004 年 11 月，在 106060 回风巷进行施工时，遇顶板大型裂隙突水，因该采区临时排水设施的排水能力不足，致使采区被淹。可见，北东走向的大裂隙是顶底板岩溶水的突水通道。

除自然条件下的断层或裂隙等结构面可作为矿井充水的通道外，工程采动往往会产生一些人为通道。如采空区地表产生的塌陷或裂隙，为地表水、大气降水及浅层地下水等水源充入矿坑提供了运移通道。另外，由于开采导致原生裂隙进一步扩大而成为突水通道。如 2008 年 5 月 25 日，109 采区 -162 m 东大巷掘进时遇裂隙，裂隙宽 0.3 m，走向北东向，刚开始遇裂隙未出水，在垒砌两帮时，掘进受振动后裂隙充填物掉落，出水，水量慢慢变大。同时，开采过程中煤层顶底板出现的裂隙带削弱顶底板的阻水作用，成为矿坑充水的重要途径。如 2003 年 12 月，在 113070 采面生产过程中，因底板松软破碎，发生突水，突水量约 150 m^3/h。此外，部分勘探钻孔因封闭不好或未封闭成为各含水层间发生水力联系的人为通道。

因此，矿井充水的主要通道有：采掘过程揭露的小型断层、裂隙，回采放顶产生的塌陷或裂隙，采煤使煤层顶底板产生的裂隙带，封闭不好或未封闭的勘探钻孔等。

5.3 王河矿井突水影响因素分析

5.3.1 水压

高水头压力是引起突水的一个重要条件。水压主要对煤层底板的影响较大。位于煤层底板以下的含水层在采掘工作面时由于中间隔有不透水层不能直接揭露，承压水要进入采掘空间必须要有一种力突破隔水层或冲刷扩大其中弱透水裂隙，并经过物理弱化作用克服水在裂隙中的流动阻力。若下伏承压水压力较小，完不成上述过程，即不可能形成突水。

通过对王河煤矿 2004 ~ 2008 年突水事件中水压和突水量（见图 5-4）的分析发现，水压越大，突水频率越高。统计的 18 次突水事件中，水头压力小于 0.2 MPa 的有 3 次，但这 3 次突水量都很小；水头压力为 0.5 ~ 1 MPa 的有 5 次，突水量一般大于 100 m^3/h；大于 1 MPa的突水有 10 次。这说明水压越大，发生突水的概率越大，突水量一般也较大；水压越小，发生突水的概率和突水量均较小。

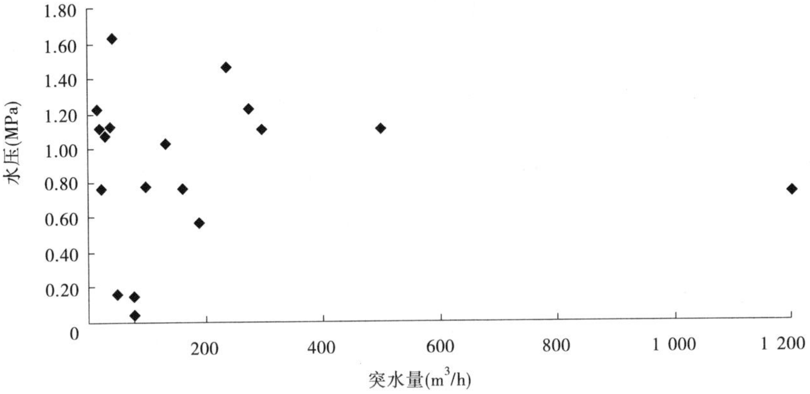

图 5-4　王河煤矿 2004 ~ 2008 年突水事件中水压和突水量

王河煤矿几个代表性现采工作面测压孔水压随时间的变化如图 5-5 所示。

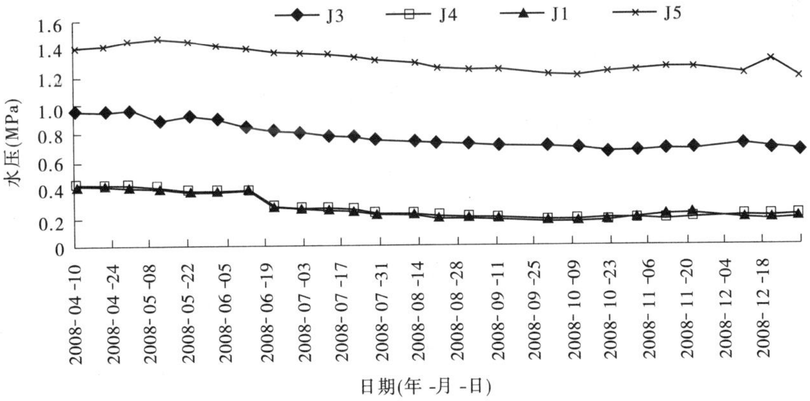

图 5-5　2008 年王河煤矿井下测压孔水压随时间的变化

图 5-5 中测压孔位置、标高及深度见表 5-5。

从图 5-5 中可以看出，各测压孔压力随时间的变化规律为：从 4 月 10 日到 5 月中旬，压力变化稳定或略有上升；5 月中旬开始，受大峪沟煤矿突水影响，各测压孔观测水压均持续下降；9 月下旬，受降雨影响，水压又开始缓慢上升。

表 5-5 王河煤矿井下测压孔的位置及孔深

观测孔编号	所在位置	标高(m)	孔深(m)
J1	106 采区轨道巷 -50 m 变电所	-54.275	41.5
J2	109 -162 大巷泵房入口西 18 m 处	-161.67	98.8
J3	109 采区轨道巷三平台	-105.02	88.5
J4	109 采区轨道巷 -80 m 变电所南	-52.885	70.5
J5	111 采区轨道巷 -155 m 水平大巷	-154.400	70.5
J6	111 轨道下山二平台向下约 50 m 西	-97.594	97.5
J7	113 轨道下山	-81.902	91.0

测压孔压力变化在空间上的变化规律为:现采面上承受的水压力为 0.17 ~ 1.47 MPa,随着开采深度增加,底板承受的水压越大。J4 和 J1 代表开采标高为 -50 m 左右工作面承受的压力,观测值最低。111090(J5 孔)和 109070(J3 孔)工作面开采标高较小,承受压力最大。从近两年的突水资料可以看出,突水最频繁的是 109070 采区,共发生突水 6 次,最大突水量为 500 m^3/h,且均为底板突水。如 2007 年 8 月 12 日 109070 的底板突水,刚开始出现底板松软,出水每小时几十立方米,2 小时后增大至 500 m^3/h,并逐渐稳定。说明水压在突水过程中首先是克服裂隙阻力,对裂隙产生楔劈作用,逐渐形成强渗流通道,裂隙全部充水;这时承压水就会对充水平面形成一个高压力区,使岩层抬动位移或鼓胀,导致突水。

从王河煤矿历年突水点垂向分布图(见图 5-6)也可以看出,随着开采深度增加,水压增加,突水的危险性增加。图 5-6 显示,±0 m 以下突水点较 ±0 m 以上密集,约占突水总数的 74.5%,说明 ±0 m 水平下山水害较上山严重。开采上山时虽然多次发生突水,但水量不大。采掘转入到 ±0 m 水平下山以来,106 采区、113 采区和 111 采区均发生过中 - 大型突水,相继被淹。因此,水头压力在突水中的作用是至关重要的。

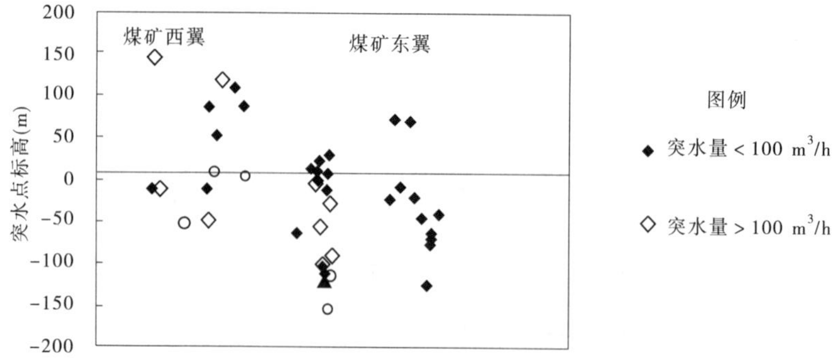

图 5-6 王河煤矿历年突水点的垂向分布

5.3.2 结构面

结构面(包括断层、节理、裂隙等)是地下水运动的主要通道。王河矿区矿坑充水的途径主要为小的断层和构造裂隙。构造裂隙的数量、张开度、延展长度、粗糙度和充填物等情况与地下水的运动状态密切相关。结构面的张开度、延展方向决定着地下水的流向,充填物的渗透性决定其导水性能,与构造应力场最大主应力平行的一组导水性能最佳,该矿区北东向裂隙为主要导水通道。

根据历年来揭露的裂隙统计,绘制王河煤矿井下裂隙玫瑰花图(见图5-7),从图中可以看出,裂隙的走向以北北东向为主,常成群密集出现,平面上呈条带状分布,形成裂隙发育带。王河矿区有4个裂隙密集区,分别是106采区、109采区至111采区和113采区裂隙密集区。通过对历年来的突水资料进行整理分析,绘制了王河煤矿突水点平面分布图(见图5-8),从图中可以看出,突水点大多分布在4个条带状的裂隙密集区,突水点集中分布区的展布方向为北北东向,与矿区裂隙展布方向大致相同。突水点密集区与岩溶裂隙发育带一致,表明突水与岩溶裂隙的发育有密切关系。

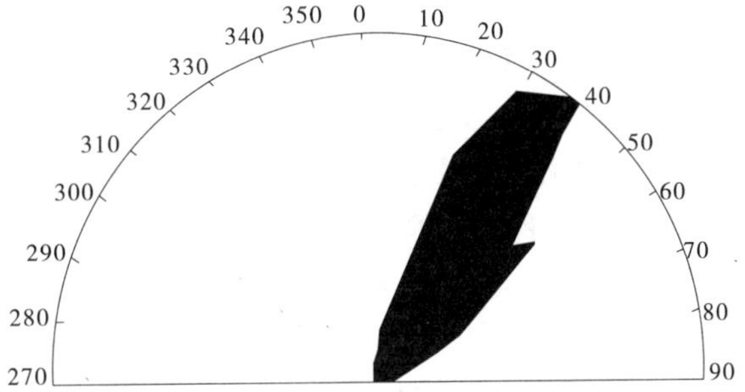

图5-7　王河煤矿井下裂隙玫瑰花图

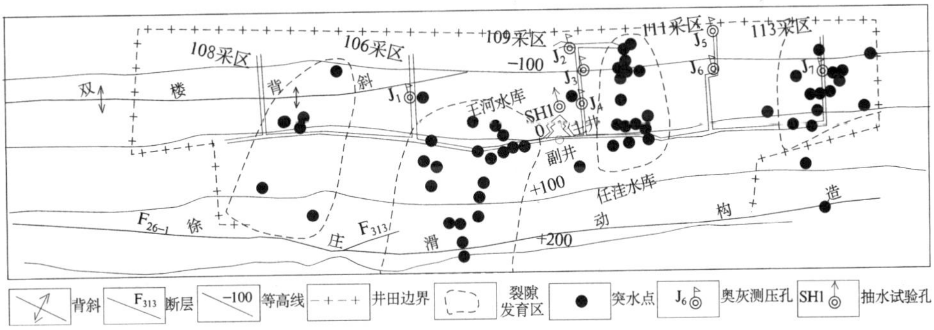

图5-8　王河煤矿突水点分布与构造关系

5.3.3　采掘活动及回采面积

当工作面从切眼开始回采之后,采面围岩体的应力将发生变化。随着工作面的推进,煤层底板前方在支承压力的作用下而受到压缩。工作面推过后,应力释放,底板处于膨胀状态。随着顶板的冒落,采空区冒落矸石的压实,工作面后方一定距离的底板又恢复到原岩应力状态。工作面在不断推进过程中,底板处于压缩—膨胀—再压缩状态。而在压缩与膨胀变形的过渡区,底板最易出现剪切塑变而发生破坏。

在切眼附近的底板更容易发生变形及产生裂隙。同样,在上、下出口附近的煤层底板不仅受动态支承压力的影响,而且受静态支承压力的影响,因此沿上、下出口附近底板的采动裂隙比较发育,易形成突水点。而在上、下出口与切眼的交会处,突水概率则更大。在工作面停采线处,由于没有动压的影响,底板变形及破坏程度较小,其发生突水的可能性不大。

另外,在工程采动作用的影响下,煤层顶底板将会出现裂隙带,裂隙带会削弱底板的阻水作用,使底板发生破坏突水。底板破坏型突水分两种情况:一种是底板隔水层较薄,节理裂隙发育,当回采工作面推进一段距离时,造成底板裂隙扩展破坏而突水;第二种是底板灰岩中有岩溶通道,回采工作面推进过程中,引发岩溶顶部岩层破坏塌落,剩余隔水层隔水能力不足,从而发生底板破坏突水。

根据"下三带理论"以及华北相关煤矿生产实践经验,在采动作用下,煤层底板隔水层发生变形甚至破坏,根据破坏程度不同可以划分为"三带",依次为:底板破坏带、完整岩层带和承压水导升带。在底板破坏深度范围之内底板岩层产生大量裂隙,其连续性和隔水性受到破坏,当裂隙与深部含水层(或承压水导升带或导水断层)沟通时,则发生底板突水。底板破坏深度与采动矿压、煤层赋存条件、工作面尺寸、开采方法及顶板管理方法、顶底板岩性及结构等多种因素有关。根据华北地区各煤矿实测,底板破坏深度一般为 6 ~ 20 m,最大为 38 m。经过对华北地区实测底板破坏深度资料回归分析,底板破坏深度 h 与工作面斜长 L、采深 H、煤层倾角 α 之间的回归方程为:

$$h = 0.707 + 0.1079L \tag{5-1}$$

$$h = 0.0085H + 0.1665\alpha + 0.1079L - 4.3579 \tag{5-2}$$

式中:h 为底板破坏深度,m;L 为开采工作面斜长,m;H 为开采深度,m;α 为开采煤层倾角,(°)。

王河矿采掘工作面斜长 110 m,煤层倾角 14°,大巷 ±0 m 水平下山开采深度为 250 ~ 400 m,根据式(5-1)和式(5-2)推算,大巷 ±0 m 水平下山底板工作面破坏深度为 12 ~ 24 m。由此可见,即使没有断层、裂隙、溶洞等导水通道,底板隔水层因采动发生破坏,也可能导致奥灰水突入矿井。

王河煤矿主要大型突水事故多发生在回采工作面。一般是当倾斜长 80 ~ 100 m 的工作面推进 25 ~ 30 m 顶板初次或周期水压时,伴随底鼓,出现裂隙、涌水,突水基本发生在面积达 2 500 ~ 3 000 m^2 的回采工作面。

在正常的地质条件下,只有当采空面积达到一定的范围,所产生的采动效应才能使隔水层阻水能力降低到不能阻抗水压而发生突水。开采面积的扩大,周期来压次数增多,对底板多次反复作用,使底板采动裂隙越来越发育,阻抗能力越来越低。反之,当采矿活动停止,矿压趋于稳定并逐渐恢复到原来的平衡状态,底板裂隙部分压闭收缩。因此,缩短工作面长度或对煤层串、穿采,可以减少采动和矿压对煤层底板的影响和破坏深度,是遏制水灾的有效手段。

5.3.4 隔水底板岩层的厚度

隔水底板由于自身向下的重力作用和阻抗能力,对承压水起到压盖作用。水要突破隔水层或冲扩其弱透水的裂隙，必须克服压盖阻力；显然，隔水底板愈厚，阻力愈大，突水的可能性越小。因此，隔水层厚度与水压之间存在一定的制约关系。

王河煤矿一$_1$ 煤层底板隔水层为本溪组灰色－灰黑色铝土质泥岩，含大量黄铁矿晶体，具大量擦痕及裂隙，据岩石物理力学性质试验结果，其抗压强度较低，仅有 21 MPa。根据矿区 31 个钻孔揭露情况表明，铝土质泥岩平均厚度只有 9 m，最小厚度为 4.2 m，最大厚度为 20.5 m（见表 4-1 和图 5-9）。在开采影响下，底板隔水层会发生破坏，出现“三带”，前面计算的底板破坏带深度为 12～24 m。因此，在采动影响下，隔水层受到破坏，有效隔水层厚度减小。另外，矿区构造裂隙十分发育，大裂隙能将煤层及顶底板含水层相互沟通，故王河煤矿一$_1$ 煤层底板隔水层的隔水效果有限。

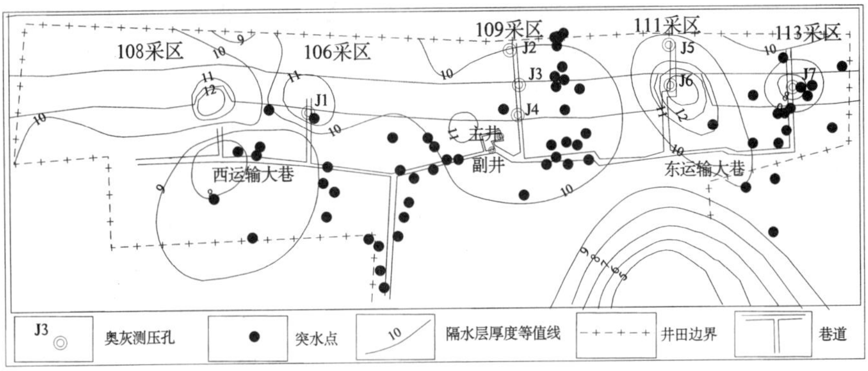

图 5-9　王河矿突水点分布与一$_1$ 煤层底板隔水层的厚度关系

图 5-9 为王河矿突水点分布与一$_1$ 煤层底板隔水层的厚度关系。从图 5-9 中可以看出，在矿井的 65 次突水事故中，隔水层厚度较大时发生的突水次数要少一些，如 111 采区隔水层厚度较大，发生突水的概率要少一些。可见，井田范围内突水次数与隔水层厚度有一定的关系。但是，总体来说，王河井田范围内隔水层的隔水能力有限，只要下伏的奥陶系灰岩富水，发生突水的概率就较大。

总之，水压、构造、采动、回采面积及底板隔水层厚度是煤层底板突水的重要影响因素，其中结构面和水压是形成突水的基本条件，采动是诱导因素，隔水层厚度是制约因素，水压和回采面积是可人为控制的因素。在具体突水过程中，这些因素之间的相互作用关系是错综复杂的，在预测突水时应具体问题具体分析。

5.4　矿井突水危险性评价

由于王河煤矿顶板突水强度较小，持续时间较短，不易造成人的突水事故，而底板突水强度较大，突水点数月甚至几年不干涸，有时会造成淹井事故，影响矿井正常生产，因此这里重点对底板突水的危险性进行分析和评价。

目前，常用底板突水评价方法主要有：突水系数法、下三带理论法、模糊数学法、神经网络法、地理信息系统法、多源信息复合处理法和突水概率指数法等。下三带理论法比较接近煤层底板破坏突水的情况，但测试工作较复杂，考虑因素较多，在资料不具备的情况下不宜采用。突水概率指数法是一种结合现场实际来预测采场底板突水的一种新方法，它不仅考虑了多种因素对突水的综合影响，而且能够反映研究区的突水规律，应用该方法需要对研究区的地层、构造及水文特征有足够的认识和研究，且需要大量的突水资料。突水系数法简单实用，主要考虑水压和底板隔水层厚度对突水的影响。考虑到王河井田主要突水影响因素为水压、隔水底板厚度、底板奥灰含水层的富水性及裂隙发育情况，故此次研究采用突水系数法结合奥灰含水层的富水性分区成果对王河矿底板突水危险性进行分析评价。

首先根据王河井田近年突水情况，选择典型现采区中的代表性突水点，计算底板突水系数，选取临界突水系数。在此基础上，再选取现采区代表性的点计算突水系数，划分突水系数危险性分区，并结合井田范围内的断裂发育情况及奥灰含水层的富水性分区，对王河矿 ±0 m 开采水平以下$一_1$ 煤层底板突水危险性进行预测评价。

5.4.1　突水系数评价

5.4.1.1　突水系数法

突水系数是指含水层中正常块段静水柱压力与隔水层厚度平衡关系变化规律的比值，即单位厚度隔水层所能承受的极限水柱压力之间力学平衡条件，用公式表示为：

$$T_s = P/M \tag{5-3}$$

式中：T_s 为突水系数，MPa/m；P 为水压，MPa；M 为隔水层厚度，m。

5.4.1.2　临界突水系数的选取

根据王河煤矿 2005 ~2008 年典型突水事件中的水压，结合突水点附近的隔水层厚度资料，计算底板突水系数的经验值，计算结果如表 5-6 所示，在此基础上结合全国煤矿经验值选取临界突水系数值。

表 5-6　王河煤矿 2005 ~2008 年典型工作面上$一_1$ 煤层底板突水系数计算结果

突水时间	突水地点	突水点标高（m）	最大突水量（m^3/h）	水压（MPa）	隔水层厚度（m）	突水系数（MPa/m）
2005-11-17	109070 回风巷	-89	300	1.10	10.5	0.105
2006-08-15	109070 回风巷	-62	100	0.78	10.5	0.074
2007-03-22	109070 采面	-114	278	1.22	10.5	0.116
2007-07-20	109070 采面	-111	40	1.12	10.5	0.106
2007-08-03	109070 采面	-120	18	1.22	10.5	0.116
2007-08-12	109070 采面	-105	500	1.10	10.5	0.105
2007-09-10	109070 采面	-100	135	1.03	10.5	0.098
2008-04-27	113100 工作面	-84	25	0.77	8	0.096
2008-05-01	109070 采面	-115	30	1.07	10.5	0.102

从表 5-6 可以得出，开采转入下山后，-10 ~ -120 m 的开采标高下的突水系数为

0.074～0.116 MPa/m。结合全国煤矿经验值(构造破坏块段为T_s≤0.08 MPa/m,正常块段为T_s≤0.15 MPa/m)以及平煤集团经验值(构造破坏块段为T_s≤0.08 MPa/m,正常块段为T_s≤0.1 MPa/m),将王河矿区－50～－150 m开采标高下的临界突水系数定为0.06 MPa/m。

5.4.1.3 **现采工作面突水危险性评价**

结合王河煤矿现采工作面上的奥灰测压孔压力观测值以及底板隔水层厚度资料,计算突水系数,计算结果见表5-7。

表5-7 王河煤矿现采工作面一$_1$煤层底板突水系数

工作面名称	代表性测压孔	开采水平	水压(MPa)	隔水层厚度(m)	突水系数(MPa/m)
106采区轨道巷－50 m变电所	J1	－54.28	0.22	11.18	0.020
109采区－162 m大巷泵房入口西18 m	J2	－161.67	1.26	10	0.126
109采区轨道巷三平台	J3	－105.02	0.69	10.49	0.066
109采区轨道巷－80 m变电所南	J4	－52.89	0.17	10.22	0.017
111采区轨道巷－155 m水平大巷	J5	－154.4	1.25	10.3	0.121
111轨道下山二平台向下约50 m西	J6	－97.594	0.56	10	0.056
113轨道下山	J7	－81.902	0.3	6.3	0.048

从表5-7中可以看出,现采工作面上一$_1$煤层底板突水系数为0.017～0.126 MPa/m;其中,111采区轨道巷－155 m水平大巷和109采区－162 m大巷上由于采深很大,一$_1$煤层底板突水系数超过临界突水系数很多,回采时若遇到底板强富水带,则极有可能发生突水;109采区轨道巷三平台及111轨道下山二平台上一$_1$煤层底板突水系数略超过或接近临界突水系数,故回采时也可能发生突水;109采区轨道巷－80 m和106采区轨道巷 50 m水平上底板突水系数远低于临界突水系数,发生突水的可能性小。对于可能发生突水的工作面,在回采时要注意疏放水降低水压。

由公式(5-3)可知,突水系数越大,煤层底板突水危险越大。根据突水系数值划分危险程度:T_s<0.06 MPa/m为安全区,0.06≤T_s<0.1 MPa/m为较危险区,0.1≤T_s<0.15 MPa/m为危险区,T_s≥0.15 MPa/m为极危险区,如图5-10所示。

由图5-10可见,煤田－50 m水平以上区域,突水系数均小于0.06 MPa/m,属安全范围;－50～－100 m水平绝大多数区域,突水系数为0.06～0.1 MPa/m,一$_1$煤在此区段开采受奥灰水一定程度威胁;－150 m水平以上,各采区突水系数大多为0.1～0.15 MPa/m,该区段为危险区,更有局部地段突水系数大于0.15 MPa/m,则该区段为极危险区,开采过程中应引起重视。

5.4.2 奥灰含水层的富水性分区

奥灰岩溶富水性分区可根据矿区物探资料、注浆钻孔资料以及历年来突水资料综合分析得出。

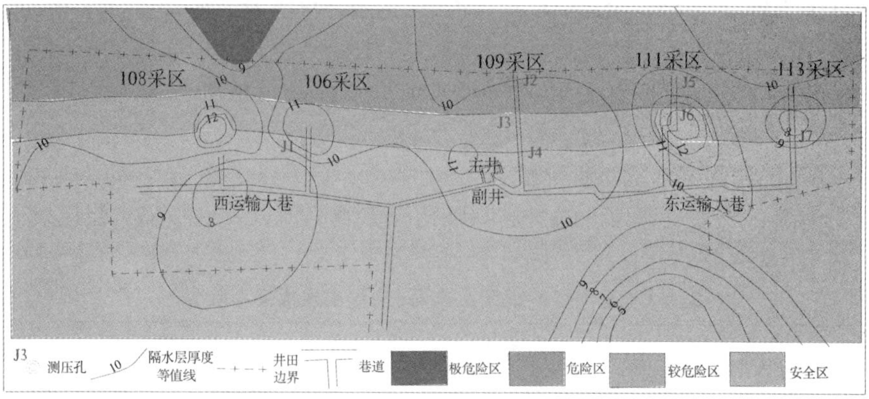

图 5-10　$一_1$ 煤层开采奥灰突水系数分区

5.4.2.1　瞬变电磁物探资料

此次采用井下瞬变电磁测深法对$一_1$ 煤深部采区进行勘探，查明深部采区 ±0 m 以下$一_1$ 煤层顶底板灰岩含水层分布及富水性，圈定岩溶水富水区。

此次瞬变电磁勘探面积近 4.0 km^2，勘探范围包括 5 个工作面及 7 个井下测压孔，共完成测线长 6 980 m，工作面每条巷道均按垂直向下和 45°斜下方两个方向探测，按 10 m×10 m 等间距布设测点，在低阻带进行加密，共计完成物理点 760 个（部分区段按规程重测未计入内）。各工作面及井下测压孔物探成果主要结论如下。

1）109070 工作面富水性分区

（1）由 109070 工作面机巷（垂直下探）视电阻率断面（见图 5-11（a））可以看出：机巷正下方附近区域存在相对低阻异常区，主要位于切眼往外 20～45 m、65～120 m 和 140～200 m 三段附近，低阻区距巷道底板最小垂距分别约为 24 m、15 m 和 28 m，均与深部沟通。其中，20～45 m 和 65～120 m 段低阻区导高相对较大，工作面回采时附近区域可能发生底板突水，要引起注意；138～200 m 段低阻区导高一般，工作面回采时附近区域不排除发生少量底板突水的可能性。

（2）由 109070 工作面机巷（45°斜下探）视电阻率断面（见图 5-11（b））可以看出：机巷附近偏向工作面内部区域存在相对低阻异常区，主要位于切眼往外 20～118 m、140～165 m 和 210～240 m 三段附近，低阻区距巷道底板最小斜距分别约为 16 m、40 m 和 48 m（对应垂距分别约为 11 m、28 m 和 33 m），均与深部沟通。其中，20～118 m 段低阻区导高较大，工作面回采时容易发生底板突水，要引起注意；135～165 m 段低阻区导高一般，工作面回采时附近区域不排除发生少量底板突水的可能性。210～240 m 段低阻区导高较小，对工作面安全回采影响较小。

（3）由 109070 工作面风巷（垂直下探）视电阻率断面（见图 5-11（c））可以看出：风巷正下方附近区域存在相对低阻异常区，主要位于图中标尺 8～40 m 和 135～160 m 两段，低阻区距巷道底板最小垂距均约为 16 m，均导高较大且与深部沟通，工作面回采时附近区域可能发生底板突水，要引起注意。

（4）由 109070 工作面风巷（45°斜下探）视电阻率断面（见图 5-11（d））可以看出：风

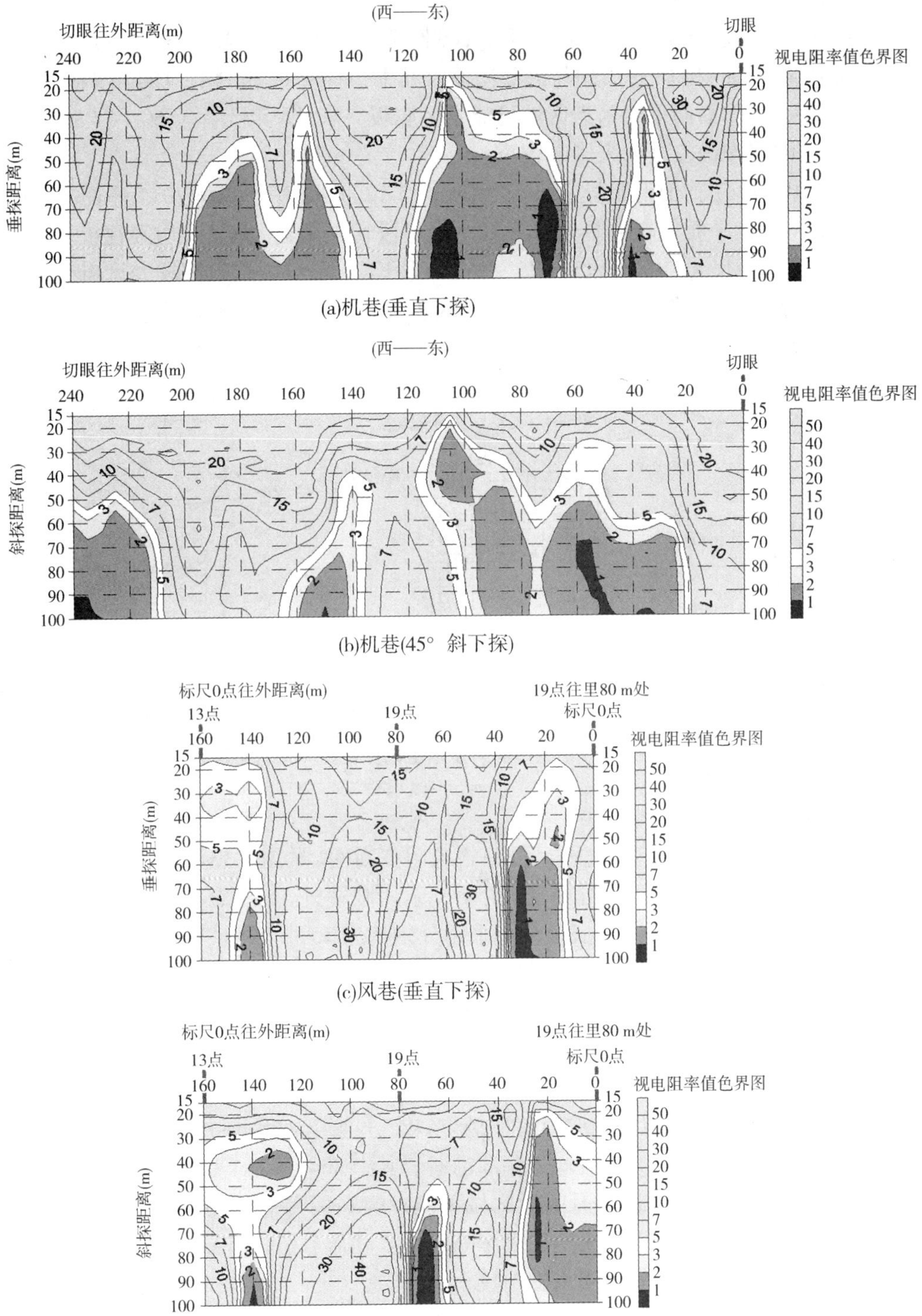

(a)机巷(垂直下探)

(b)机巷(45°　斜下探)

(c)风巷(垂直下探)

(d)风巷(45°　斜下探)

图 5-11　109070 工作面瞬变电磁视电阻率断面

巷附近偏向工作面内部区域存在相对低阻异常区，主要位于图中标尺 0 ~ 32 m、60 ~ 75 m 和 118 ~ 160 m 三段，低阻区距巷道底板最小斜距分别约为 19 m、48 m 和 26 m（对应垂距分别约为 13 m、34 m 和 18 m），均与深部沟通。其中，0 ~ 32 m 和 118 ~ 160 m 两段低阻区导高相对较大，工作面回采时附近区域可能发生底板突水，要引起注意；60 ~ 75 m 段低阻区导高较小，对工作面安全回采影响较小。

（5）由 109070 工作面低阻异常区平面（见图 5-12）可以看出：109070 工作面瞬变电磁勘探低阻异常区在平面方向主要分布于工作面里段切眼附近，即机巷切眼往外 20 ~ 120 m 段与风巷图中标尺 8 ~ 40 m 段和 135 ~ 160 m 段连线所圈区域，范围较大且南北贯穿工作面。上述低阻区在工作面回采时存在发生底板突水的可能性，其他区域发生底板突水的可能性较小。

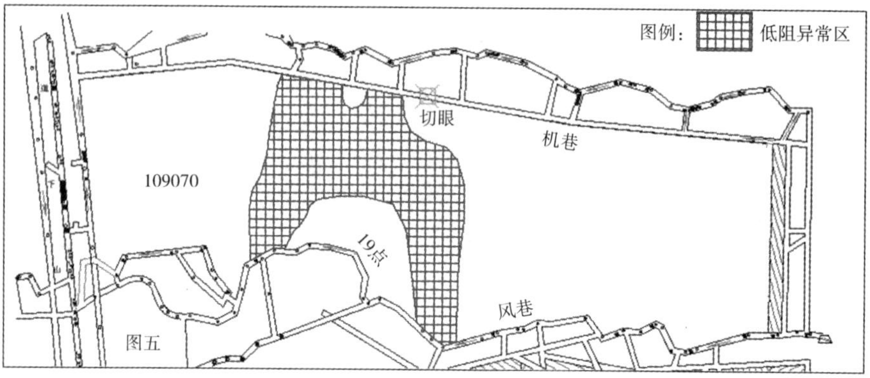

图 5-12　109070 工作面瞬变电磁勘探低阻异常区平面

2）111070 工作面富水性分区

（1）由 111070 工作面机巷（垂直下探）视电阻率断面（见图 5-13（a））可以看出：机巷正下方附近区域存在相对低阻异常区，主要位于切眼往外 113 ~ 160 m、195 ~ 315 m 和 423 ~ 500 m 三段，低阻区距巷道底板最小垂距分别约为 15 m、18 m 和 19 m，导高较大且与深部沟通，工作面回采时附近区域可能发生底板突水，要引起注意。切眼往外 15 m 处附近存在一个低阻区，因埋深较大、范围较小，对工作面安全回采无影响。

（2）由 111070 工作面机巷（45°斜下探）视电阻率断面（见图 5-13（b））可以看出：机巷附近偏向工作面内部区域存在相对低阻异常区，主要位于切眼往外 13 ~ 28 m、80 ~ 260 m 和 420 ~ 500 m 三段，低阻区距巷道底板最小斜距分别约为 60 m、15 m 和 25 m（对应垂距分别约为 42 m、10 m 和 18 m），均与深部沟通。其中 80 ~ 260 m 和 420 ~ 500 m 两段低阻区导高相对较大，工作面回采时附近区域可能发生底板突水，要引起注意。13 ~ 28 m 段低阻区因埋深较大，对工作面安全回采影响较小。切眼往外 375 m 处附近存在一个局部小范围低阻区，对工作面安全回采影响较小。

（3）由 111070 工作面风巷（垂直下探）视电阻率断面（见图 5-13（c））可以看出：风巷正下方附近区域存在相对低阻异常区，位于切眼往外 30 ~ 70 m、100 ~ 160 m、308 ~ 325 m 和 443 ~ 480 m 四段，低阻区距巷道底板最小垂距分别约为 20 m、20 m、57 m 和 18 m，均与

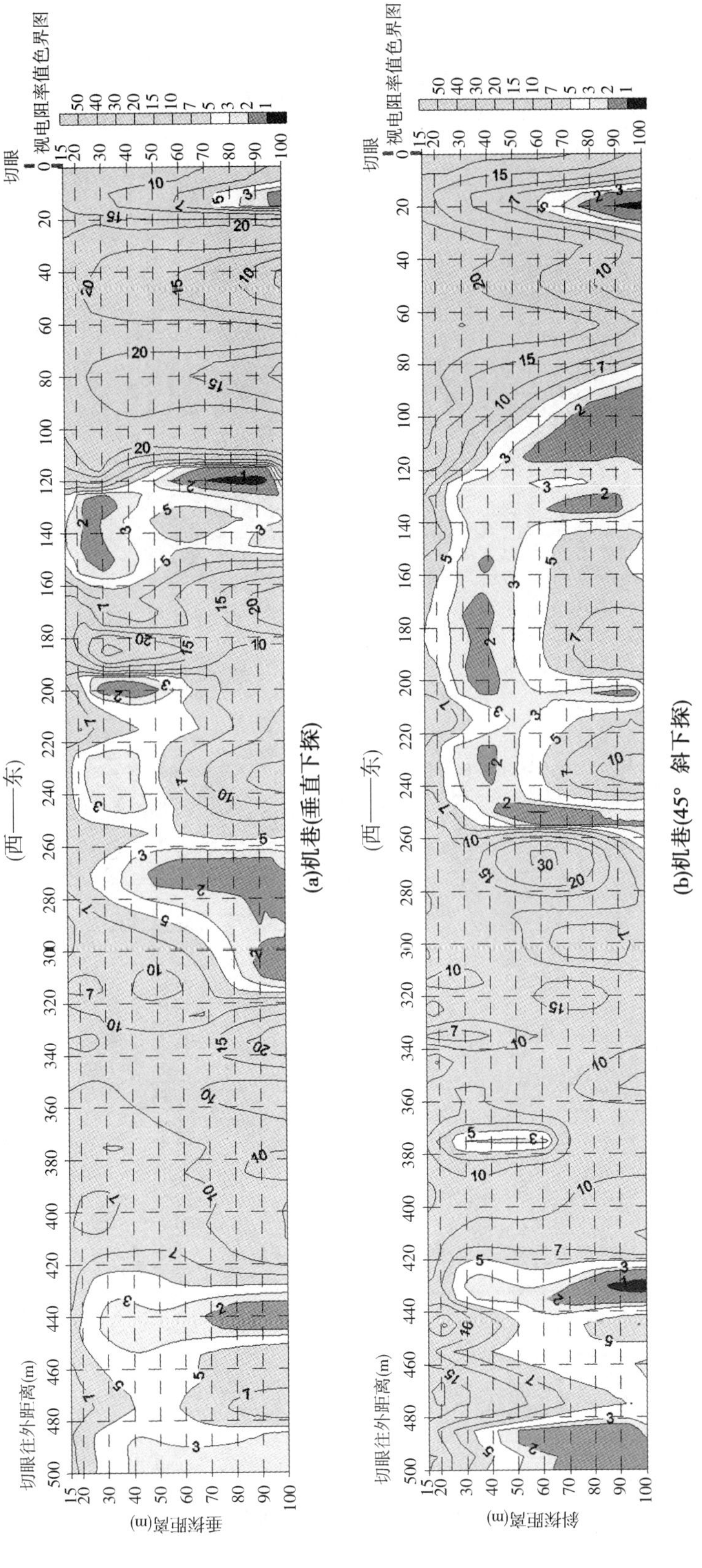

(a)机巷(垂直下探)

(b)机巷(45° 斜下探)

图 5-13 111070 工作面瞬变电磁视电阻率断面

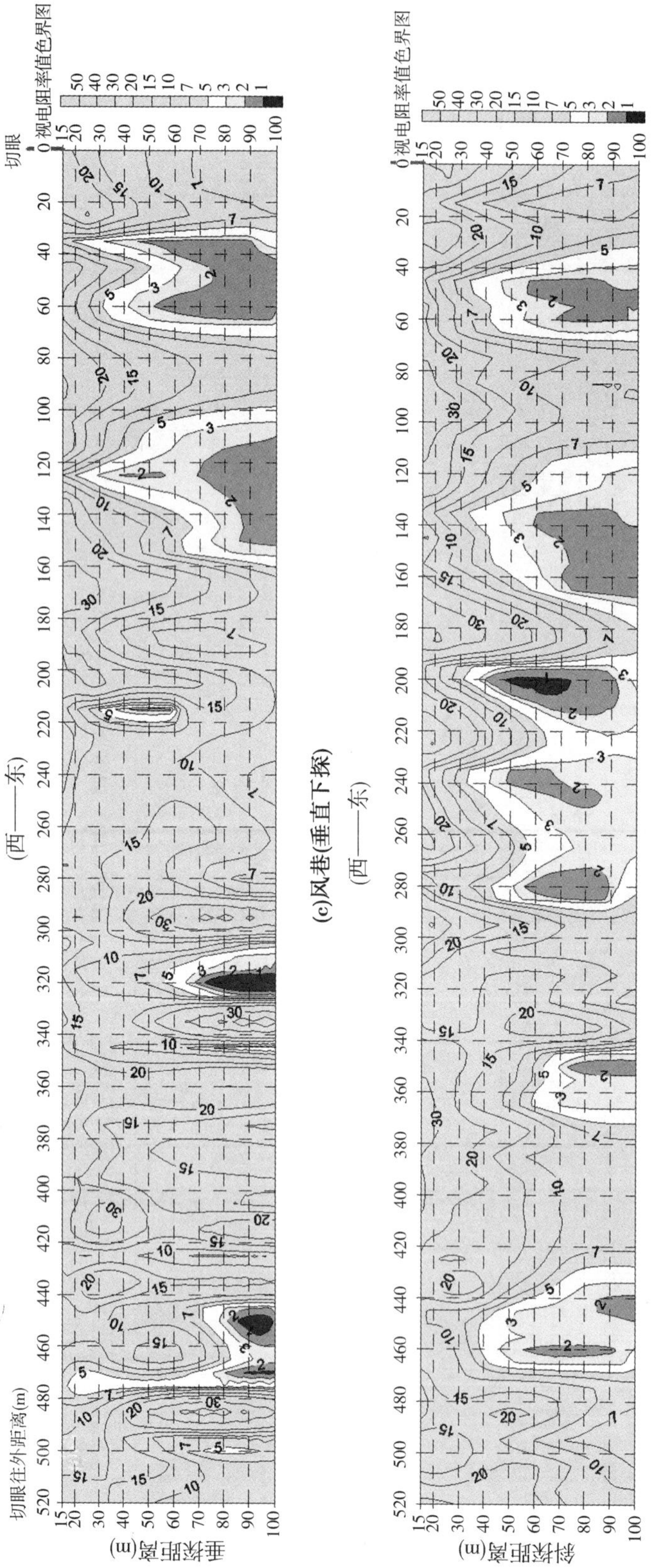

(c)风巷(垂直下探)
(西——东)

(d)风巷(45° 斜下探)
(西——东)

续图 5-13

深部沟通。其中,30 ~ 70 m、100 ~ 160 m 和 443 ~ 480 m 三段低阻区导高相对较大,工作面回采时附近区域可能发生底板突水,要引起注意;308 ~ 325 m 段低阻区因埋深较大,对工作面安全回采无影响。切眼往外 215 m 处附近存在一个局部小范围低阻区,对工作面安全回采无影响。

(4)由 111070 工作面风巷(45°斜下探)视电阻率断面(见图 5-13(d))可以看出:风巷附近偏向工作面内部区域存在相对低阻异常区,主要位于切眼往外 30 ~ 68 m、112 ~ 180 m、190 ~ 290 m、344 ~ 372 m 和 428 ~ 468 m 五段,低阻区距巷道底板最小斜距分别约为 35 m、35 m、31 m、59 m 和 38 m(对应垂距分别约为 24 m、24 m、22 m、41 m 和 26 m),均与深部沟通。其中 30 ~ 68 m、112 ~ 180 m、190 ~ 290 m 和 428 ~ 468 m 四段低阻区导高相对较大,工作面回采时附近区域可能发生底板突水,要引起注意;344 ~ 372 m 段低阻区因埋深较大,对工作面安全回采影响较小。

(5)由 111070 工作面低阻异常区平面(见图 5-14)可以看出:111070 工作面低阻异常区在平面方向主要分布于三个区域,分别是风巷切眼往外 30 ~ 70 m 段偏向工作面内部区域、机巷切眼往外 113 ~ 315 m 段与风巷切眼往外 100 ~ 160 m 段连线所圈区域以及机巷切眼往外 423 ~ 500 m 段与风巷切眼往外 443 ~ 480 m 段连线所圈区域。其中,后两个区域范围较大,南北向均贯穿工作面。

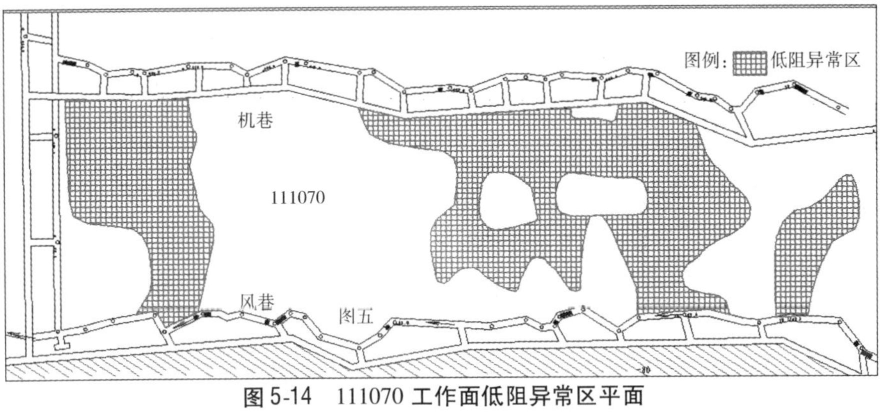

图 5-14　111070 工作面低阻异常区平面

3)113100 工作面富水性分区

(1)由 113100 工作面机巷(垂直下探)视电阻率断面(见图 5-15(a))可以看出:机巷正下方附近区域存在相对低阻异常区,主要位于切眼往外 10 ~ 66 m 和 220 ~ 330 m 两段附近,低阻区距巷道底板最小垂距分别约为 19 m 和 15 m,均与深部沟通且导高相对较大,工作面回采时附近区域可能发生底板突水,要引起注意。

(2)由 113100 工作面机巷(45°斜下探)视电阻率断面(见图 5-15(b))可以看出:机巷附近偏向工作面内部区域存在相对低阻异常区,主要位于切眼往外 10 ~ 65 m、122 ~ 140 m、182 ~ 240 m 和 256 ~ 285 m 四段附近,低阻区距巷道底板最小斜距分别约为 35 m、36 m、25 m 和 27 m(对应垂距分别约为 24 m、25 m、17 m 和 19 m),导高均相对较大。其中,10 ~ 65 m 和 182 ~ 240 m 两段低阻区均与深部沟通,工作面回采时附近区域可能发生底板突水,要引起注意;122 ~ 140 m 和 256 ~ 285 m 两段低阻区虽向深部延伸但与深部无沟通、属局部异常,工作面回采时附近区域不排除发生少量底板突水的可能性。

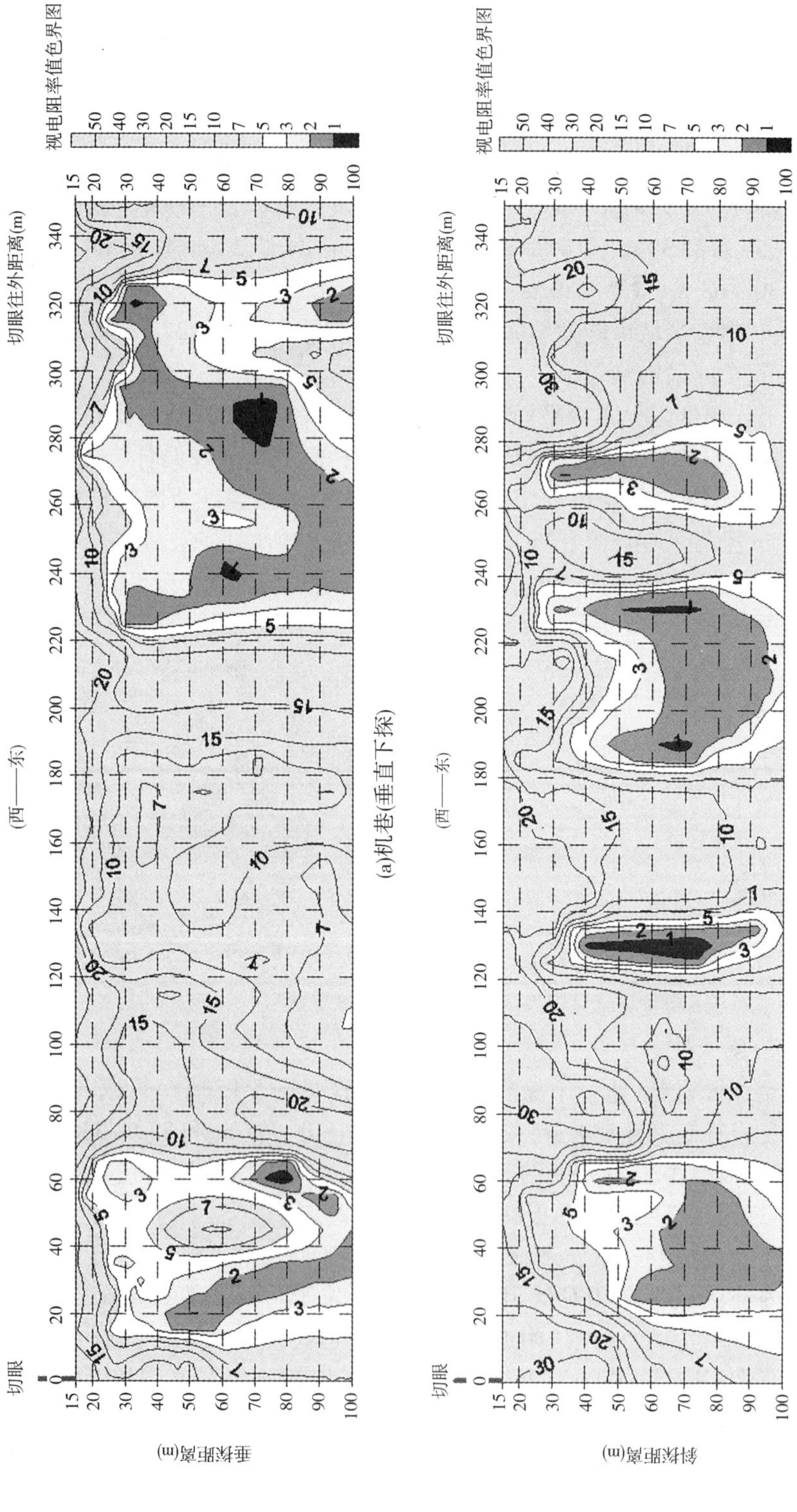

(a)机巷(垂直下探)

(b)机巷(45° 斜下探)

图 5-15　113100 工作面瞬变电磁视电阻率断面

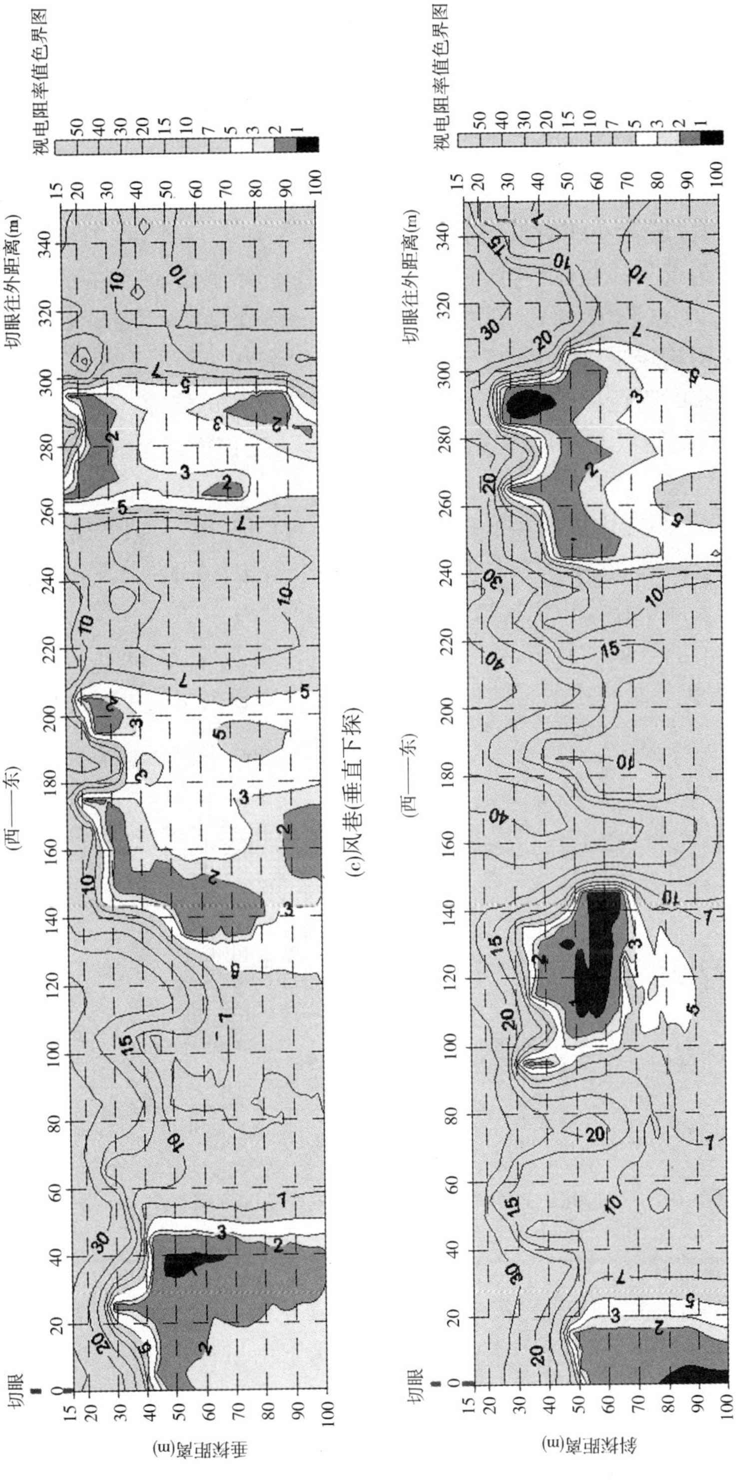

(c)风巷(垂直下探)

(d)风巷(45° 斜下探)

续图 5-15

(3)由113100工作面风巷(垂直下探)视电阻率断面(见图5-15(c))可以看出:风巷正下方附近区域存在相对低阻异常区,位于切眼往外0~50 m、120~210 m和260~300 m三段附近,低阻区距巷道底板最小垂距分别约为28 m、19 m和15 m,均与深部沟通。其中,120~210 m和260~300 m两段低阻区导高相对较大,工作面回采时附近区域可能发生底板突水,要引起注意;0~50 m段低阻区导高一般,工作面回采时附近区域不排除发生少量底板突水的可能性。

(4)由113100工作面风巷(45°斜下探)视电阻率断面(见图5-15(d))可以看出:风巷附近偏向工作面内部区域存在相对低阻异常区,主要位于切眼往外0~25 m、90~145 m和240~307 m三段附近,低阻区距巷道底板最小斜距分别约为47 m、30 m和26 m(对应垂距分别约为33 m、21 m和18 m)。其中,0~25 m段低阻区虽与深部沟通但导高较小,对工作面安全回采影响较小。90~145 m段低阻区虽导高相对较大但与深部无沟通,属局部异常,工作面回采时附近区域不排除发生少量底板突水的可能性,但对安全回采影响较小。240~307 m段低阻区与深部沟通且导高相对较大,工作面回采时附近区域可能发生底板突水,要引起注意。

(5)由113100工作面瞬变电磁勘探低阻异常区平面(见图5-16)可以看出:113100工作面瞬变电磁勘探低阻异常区在平面方向主要分布于两个区域,分别是工作面里段机巷切眼往外10~66 m段偏向工作面内部区域和机巷切眼往外220~330 m段与风巷切眼往外120~300 m段连线所圈区域。其中,后者范围较大、南北向贯穿工作面。上述低阻区在工作面回采时存在发生底板突水的可能性,其他区域发生底板突水的可能性较小。

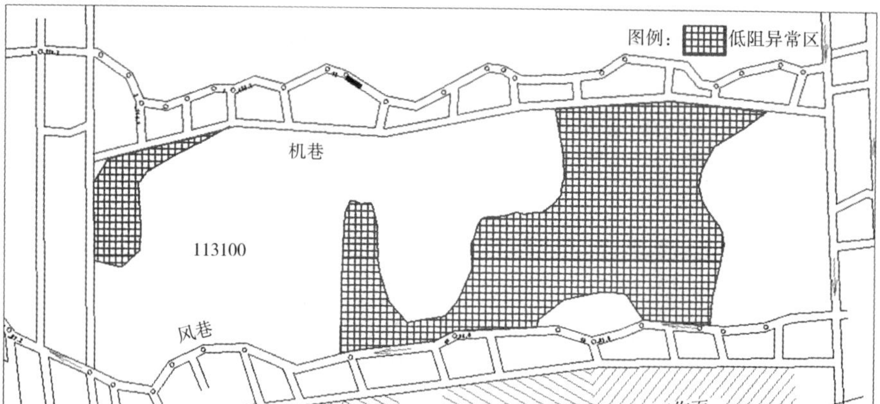

图5-16 113100工作面瞬变电磁勘探低阻异常区平面

4)106010工作面富水性分区

(1)由106010工作面机巷(垂直下探)视电阻率断面(见图5-17(a))可以看出:机巷正下方附近区域存在相对低阻异常区,主要位于106排水下山口往里70~101 m、295~386 m、410~450 m和493~520 m四段,低阻区距巷道底板最小垂距分别约为30 m、20 m、56 m和36 m,均深部沟通。其中,295~386 m段低阻区导高相对较大,工作面回采时附近区域可能发生底板突水,要引起注意;70~101m段低阻区导高一般,工作面回采时

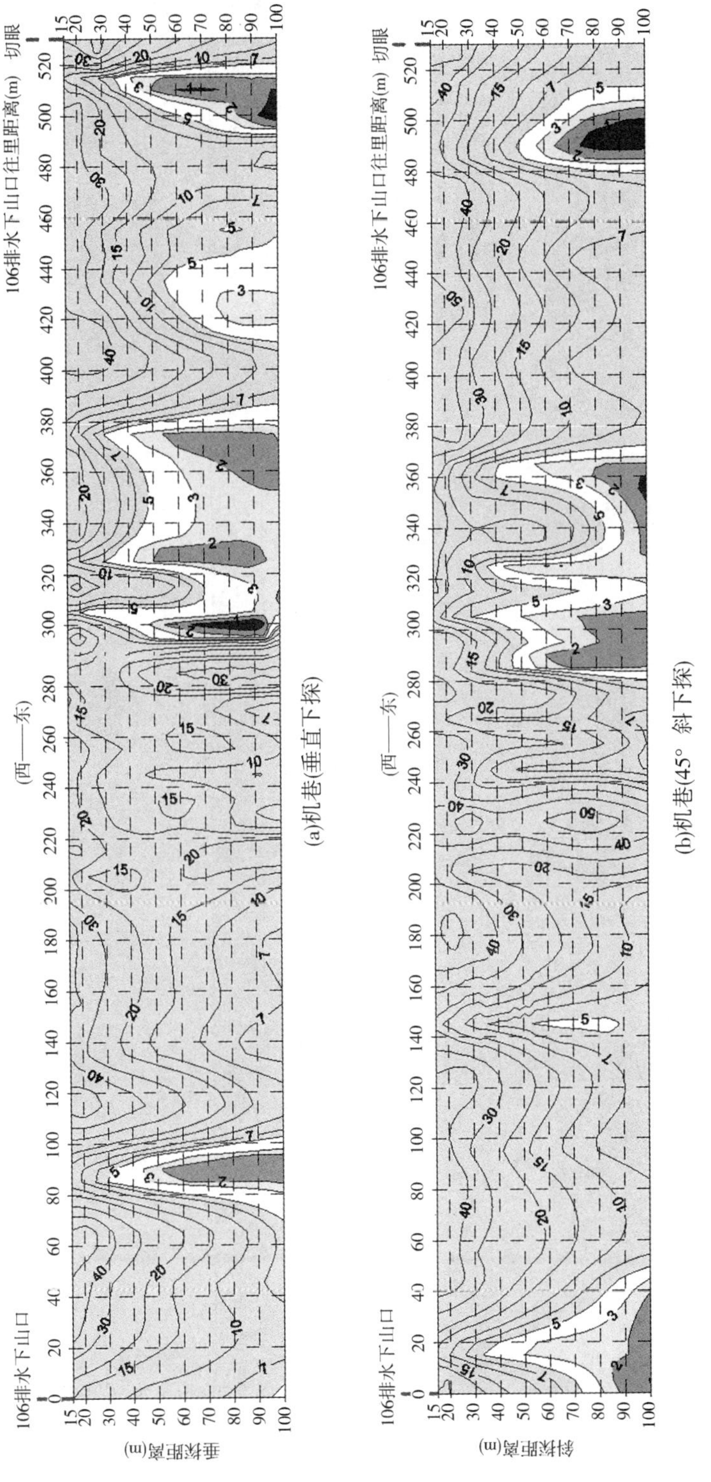

(a)机巷(垂直下探)

(b)机巷(45° 斜下探)

图 5-17　106010 工作面瞬变电磁视电阻率断面

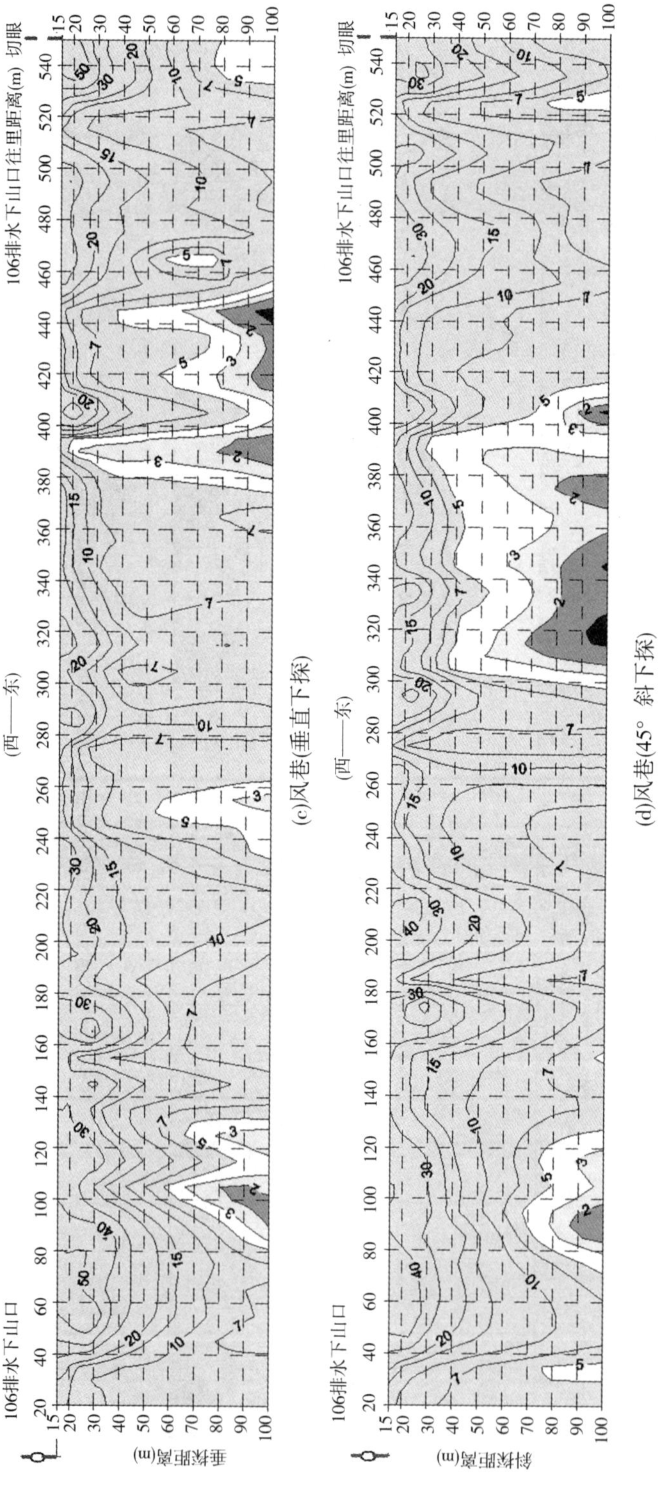

(c)风巷(垂直下探)

(d)风巷(45° 斜下探)

续图 5-17

若煤层底板岩层破坏深度较大，不排除附近区域发生少量底板突水的可能性；410 ~ 450 m 和 493 ~ 520 m 两段低阻区因埋深较大，对工作面安全回采影响较小。物探范围内其他区域岩层均显示为相对高阻、富水性相对较弱，对工作面顺利回采一般无影响。

(2)由 106010 工作面机巷(45°斜下探)视电阻率断面(见图 5-17(b))可以看出：机巷附近偏向工作面内部区域存在相对低阻异常区，主要位于 106 排水下山口往里 0 ~ 50 m、280 ~ 372 m 和 480 ~ 513 m 三段，低阻区距巷道底板最小斜距分别约为 34 m、30 m 和 50 m(对应垂距分别约为 24 m、21 m 和 35 m)，均与深部沟通。另外，在 145 m 处附近存在一个局部小范围低阻区。其中，0 ~ 50 m 和 280 ~ 372 m 两段低阻区导高相对较大，工作面回采时附近区域可能发生底板突水，要引起注意；480 ~ 513 m 段低阻区因埋深较大，对工作面安全回采影响较小；145 m 处附近存在的局部小范围低阻区对工作面安全回采无影响。物探范围内其他区域岩层均显示为相对高阻、富水性相对较弱，对工作面顺利回采一般无影响。

(3)由 106010 工作面风巷(垂直下探)视电阻率断面(见图 5-17(c))可以看出：风巷正下方附近区域存在相对低阻异常区，主要位于 106 排水下山口往里 80 ~ 131 m、232 ~ 260 m、375 ~ 455 m 和 534 ~ 550 m 四段，低阻区距巷道底板最小垂距分别约为 59 m、54 m、19 m 和 77 m，均与深部沟通。另外，在 465 m 处附近存在一个局部小范围低阻区。其中，375 ~ 455 m 段低阻区导高相对较大，工作面回采时附近区域可能发生底板突水，要引起注意；其他三段低阻区均埋深较大，对工作面安全回采无影响；465 m 处附近局部小范围低阻区对工作面安全回采无影响。物探范围内其他区域岩层均显示为相对高阻、赋水性相对较弱，对工作面顺利回采一般无影响。

(4)由 106010 工作面风巷(45°斜下探)视电阻率断面(见图 5-17(d))可以看出：风巷附近偏向工作面内部区域存在相对低阻异常区，主要位于 106 排水下山口往里 71 ~ 128 m 和 300 ~ 416 m 两段，低阻区距巷道底板最小斜距分别约为 69 m 和 29 m(对应垂距分别约为 48 m 和 20 m)，均与深部沟通。另外，在 15 m 和 525 m 两处附近存在小范围低阻区。其中，300 ~ 416 m 段低阻区导高相对较大，工作面回采时附近区域可能发生底板突水，要引起注意；71 ~ 128 m 段低阻区因埋深较大，对工作面安全回采无影响；15 m 和 525 m 两处附近存在的小范围低阻区对工作面安全回采无影响。物探范围内其他区域岩层均显示为相对高阻、富水性相对较弱，对工作面顺利回采一般无影响。

(5)由 106010 工作面瞬变电磁勘探低阻异常区平面(见图 5-18)可以看出：106010 工作面瞬变电磁勘探低阻异常区在平面方向主要分布于三个区域，分别是机巷 106 排水下山口往里 70 ~ 101 m 段偏向工作面内部区域、机巷 106 排水下山口往里 295 ~ 386 m 段与风巷 106 排水下山口往里 375 ~ 455 m 段连线所圈区域以及机巷 106 排水下山口往里 493 ~ 520 m段偏向工作面内部区域。其中，第一个低阻区位于工作面外段，范围较小，工作面回采时不排除发生少量底板渗、突水的可能性。第二个低阻区位于工作面里段，范围较大，南北向贯穿工作面，回采时可能发生底板渗、突水，是 106010 工作面水患防治重点区域。第三个低阻区位于切眼附近，范围较小，工作面回采时发生底板突水的可能性较小。其他区域在工作面回采时一般不会发生底板突水。

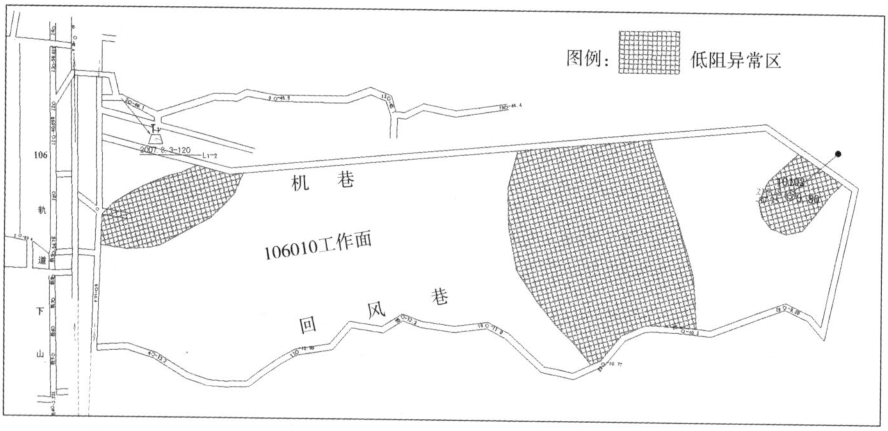

图 5-18　106010 工作面瞬变电磁勘探低阻异常区平面

5）地面水文地质试验孔（109 管子巷）

（1）从 109 管子巷（西帮 -45°斜下探）视电阻率断面（见图 5-19）看出：109 管子巷向西帮按 -45°斜下方向探测时，探测范围内存在四个相对低阻异常区，分别位于图中标尺 88 ~ 103 m、167 ~ 184 m、249 ~ 260 m 和 284 ~ 303 m 段，低阻区距巷道底板斜距最小分别约为 65 m、47 m、50 m 和 60 m（对应平距和垂距分别约为 46 m、33 m、35 m 和 42 m），均与深部沟通。其中，88 ~ 103 m 和 249 ~ 260 m 两段低阻区范围相对稍小，视电阻率值均不小于 2，不是太低，说明低阻区附近岩层具有一定富水性但富水性不强；167 ~ 184 m 和 284 ~ 303 m 两段低阻区范围相对较大、视电阻率值相对更低（部分区域小于 2，但均大于 1），但因探测范围内所有区域视电阻率值普遍大于 1 而认为低阻区富水性中等。其他高阻区域岩层较为完整，富水性较差。

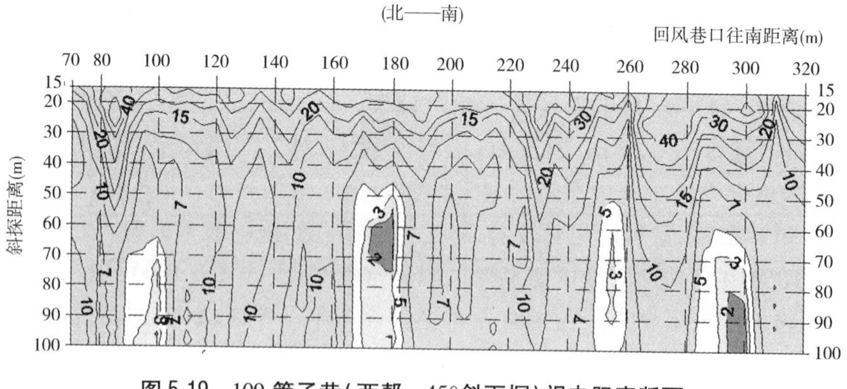

图 5-19　109 管子巷（西帮 -45°斜下探）视电阻率断面

（2）由王河煤矿一$_1$ 煤层顶底板岩溶水富水性分区（见图 5-20）显示的瞬变电磁勘探低阻异常区可以看出：109 管子巷瞬变电磁勘探低阻异常区在平面方向分布较为零散，面积较小（见图中阴影区域）。

6）J1 ~ J7 井下水文地质观测孔

（1）从 J1 水文观测孔瞬变电磁勘探视电阻率断面（见图 5-21）可以看出，106 采区

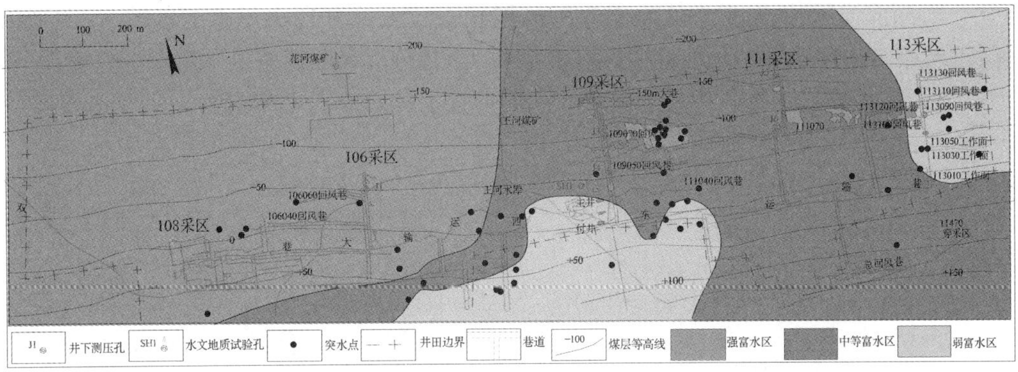

图 5-20　王河煤矿一$_1$ 煤层顶底板岩溶水富水性分区

－50 m 变电所东联络巷附近自联络巷口往北 25 m 处(位置标记 0 点)开始沿 106 轨道下山由北往南按 40°斜下方向(朝南,反地层倾向)探测时,相对低阻异常区位于图中标尺 0～36 m段,低阻区距巷道底板斜距最小约为 44 m(对应平距和垂距分别约为 34 m 和 28 m),与深部沟通,视电阻率值存在小于 2 的区域,说明低阻区附近岩层具有一定富水性且赋水性较强。其他高阻区域岩层较为完整,富水性较差或不富水。

(2)从 J2 水文观测孔瞬变电磁勘探视电阻率断面(见图 5-21)可以看出,109 采区－150 m 大巷泵房口附近自泵房口(位置标记 0 点)开始沿－150 m 大巷由东往西按 40°斜下方向(朝南,反地层倾向)探测时,相对低阻异常区位于图中标尺 0～41 m 段,低阻区距巷道底板斜距最小约为 90 m(对应平距和垂距分别约为 69 m 和 58 m),与深部沟通,但视电阻率值均不小于 2,不是太低,说明低阻区附近岩层具有一定富水性但富水性不强。其他高阻区域岩层较为完整,富水性较差或不富水。

(3)从 J3 水文观测孔瞬变电磁勘探视电阻率断面(见图 5-21)可以看出,109 轨道巷三平台联络巷附近自联络巷口往北 25 m 处(位置标记 0 点)开始沿 109 轨道巷由北往南按 40°斜下方向(朝南,反地层倾向)探测时,相对低阻异常区位于图中标尺 13～35 m 段,低阻区距巷道底板斜距最小约为 72 m(对应平距和垂距分别约为 55 m 和 46 m),与深部沟通,但视电阻率值均不小于 2,不是太低,说明低阻区附近岩层具有一定富水性但富水性不强。其他高阻区域岩层较为完整,富水性较差或不富水。

(4)从 J4 水文观测孔瞬变电磁勘探视电阻率断面(见图 5-21)可以看出,109 轨道巷－80 m变电所南联络巷附近自联络巷口往北 25 m 处(位置标记 0 点)开始沿 109 轨道巷由北往南按 40°斜下方向(朝南,反地层倾向)探测时,相对低阻异常区位于图中标尺 20～37 m 段,低阻区距巷道底板斜距最小约为 65 m(对应平距和垂距分别约为 50 m 和 42 m),与深部沟通但视电阻率值均不小于 2,不是太低,说明低阻区附近岩层具有一定富水性但富水性不强。其他高阻区域岩层较为完整,富水性较差或不富水。

(5)从 J5 水文观测孔瞬变电磁勘探视电阻率断面(见图 5-21)可以看出,111 采区深部轨道下山与－155 m 水平大巷交叉口附近自交叉口(位置标记 0 点)开始沿－155 m 大巷由东往西按 40°斜下方向(朝南,反地层倾向)探测时,相对低阻异常区位于图中标尺 0～60 m段,低阻区距巷道底板斜距最小约为 67 m(对应平距和垂距分别约为 51 m 和

43 m)，与深部沟通，视电阻率值小于 2 的区域相对较大且存在小于 1 的区域，说明低阻区附近岩层富水性较强。其他高阻区域岩层较为完整，富水性较差或不富水。

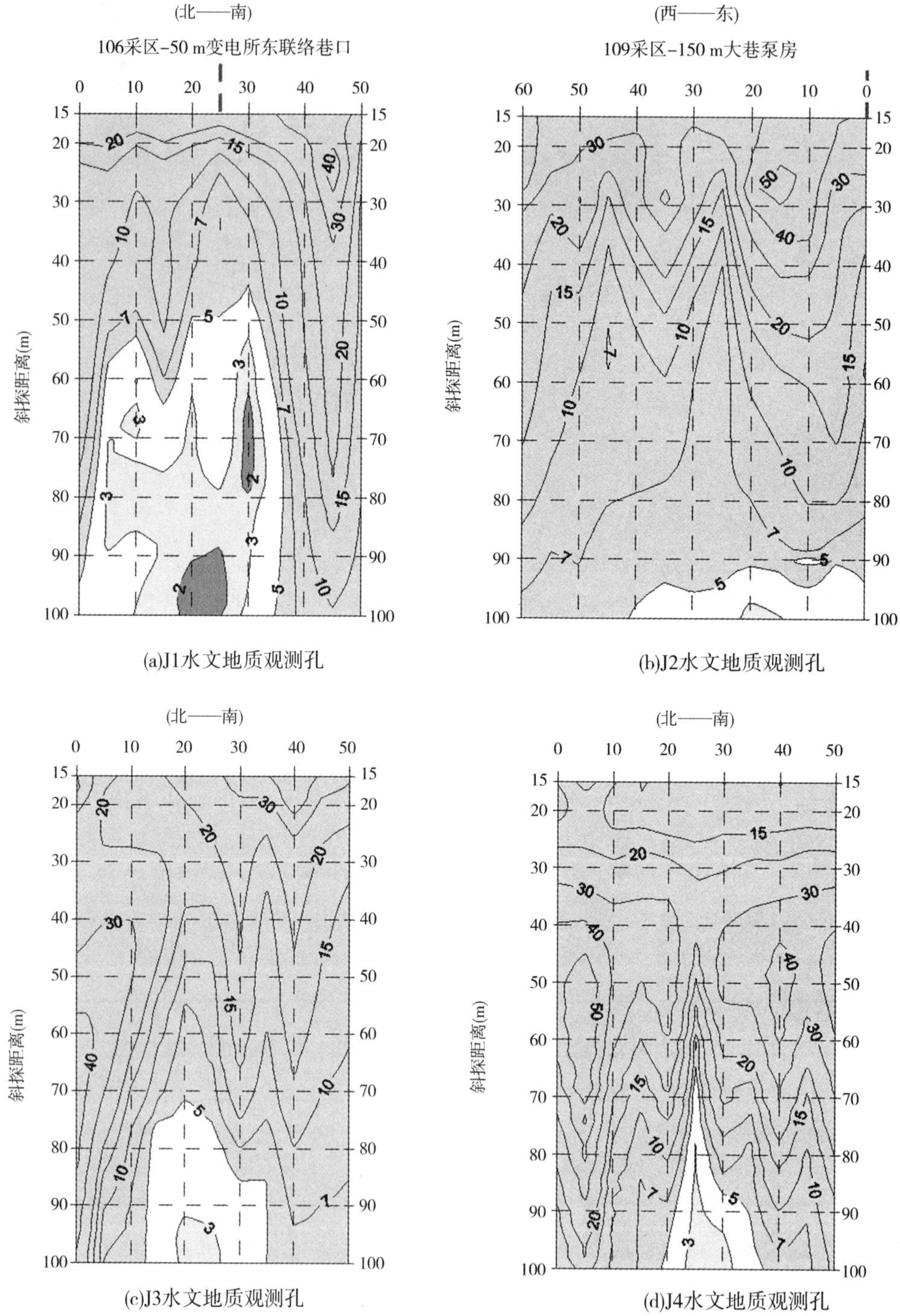

图 5-21　王河煤矿水文地质观测孔瞬变电磁勘探(−40°往南斜下探)视电阻率断面

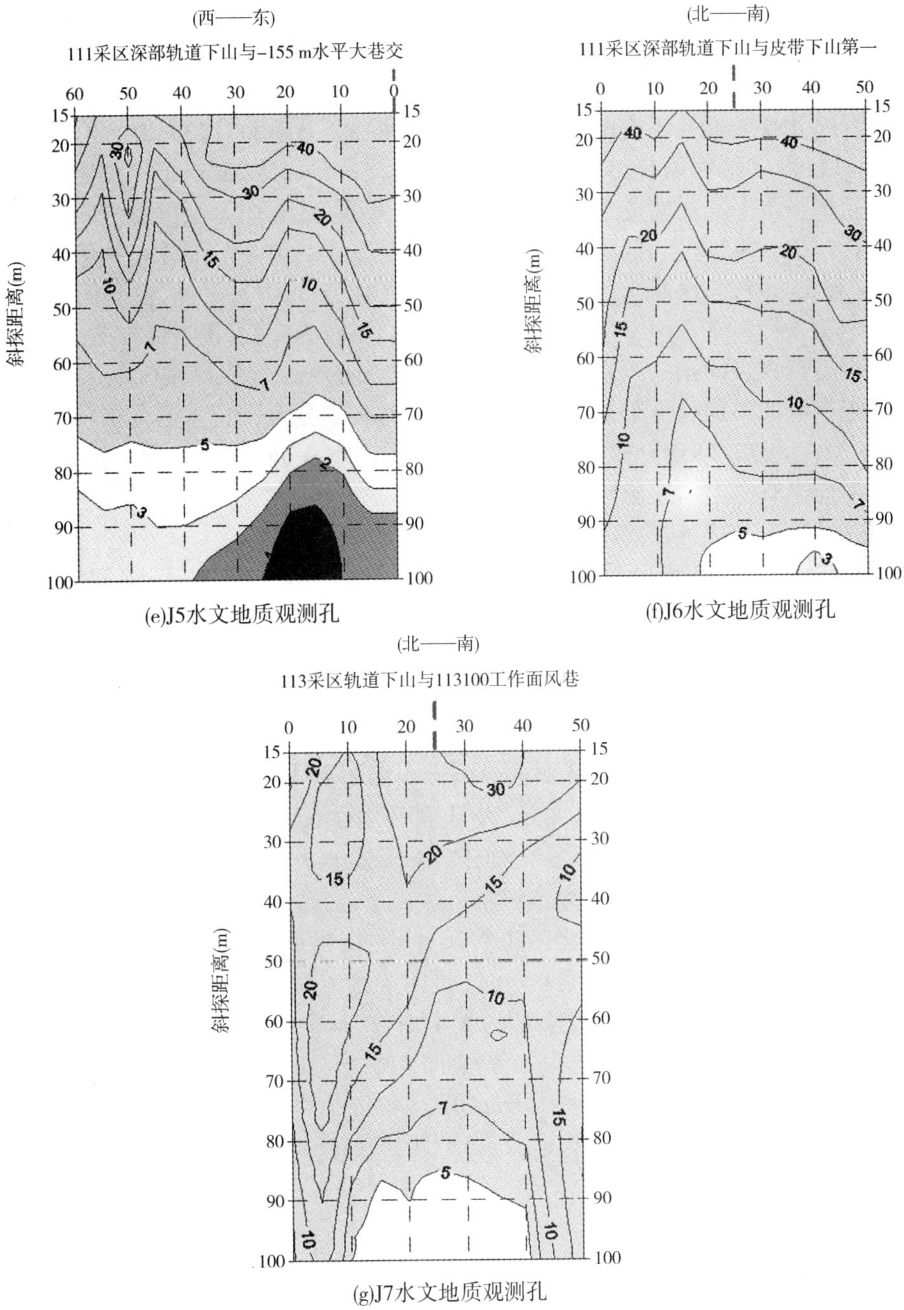

续图 5-21

(6)从 J6 水文观测孔瞬变电磁勘探视电阻率断面(见图 5-21)可以看出,111 采区深部轨道下山与皮带下山第一联络巷附近自第一联络巷口往北 25 m 处(位置标记 0 点)开始沿 111 采区深部轨道下山由北往南按 40°斜下方向(朝南,反地层倾向)探测时,相对低阻异常区位于图中标尺 18 ~ 50 m 段,低阻区距巷道底板斜距最小约为 91 m(对应平距和垂距分别约为 70 m 和 58 m)，与深部沟通但视电阻率值均不小于 2，不是太低，说明低阻区附近岩层具有一定富水性但富水性不强。其他高阻区域岩层较为完整，富水性较差或不富水。

(7)从 J7 水文观测孔瞬变电磁勘探视电阻率断面(见图 5-21)可以看出，113 采区轨道下山与 113100 工作面风巷交叉口联络巷附近自交叉口往北 25 m 处(位置标记 0 点)开始沿 113 轨道下山由北往南按 40°斜下方向(朝南，反地层倾向)探测时，相对低阻异常区位于图中标尺 10 ~ 40 m 段，低阻区距巷道底板斜距最小约为 86 m(对应平距和垂距分别约为 66 m 和 55 m)，与深部沟通但视电阻率值均不小于 3，不是太低，说明低阻区附近岩层具有一定富水性但富水性不强。其他高阻区域岩层较为完整，富水性较差或不富水。

瞬变电磁勘探表明：$一_1$ 煤层底板 80 m 以下奥陶系灰岩低阻异常区呈多个近东西向条带状和近南北向串珠状分布，其导高相对较大，将之划分为强富水区范围(见图 5-20)。其中，109070、111070、113100 工作面在横向上分布基本在同一水平，说明测区底板灰岩富水性在横向上有一定的连通性。

5.4.2.2　矿井突水注浆钻孔资料

2003 年 3 月 ~ 2004 年 3 月，113 采区由于构造裂隙发育，岩石破碎，在回采 113080 工作面和 113070 工作面时，相继发生 4 次奥灰水突水，突水总量达到 550 m^3/h，加上原有零散涌水量，总涌水量达到 800 m^3/h。由于排水能力不足，造成 113 采区和 111 采区被淹。突水后，对突水点附近奥陶系灰岩含水层进行了地面钻孔注浆封堵。注 4 孔、注 5 孔揭露奥陶系灰岩 50 m，奥灰顶界面以下 30 m 岩溶裂隙发育，注 4 孔岩芯非常破碎。

2007 年 8 月 12 日，109070 工作面回采时发生底板突水，突水量约 500 m^3/h，9 月 10 日工作面上段回采时底板再次发生突水，突水量约 100 m^3/h，造成工作面被迫停产。为了恢复该工作面生产，王河煤矿于 2007 年 11 月到 2008 年 1 月对此工作面进行注浆堵水，注浆堵水钻孔设计及注浆量如表 5-8 所示。

从表 5-8 中可以看出，22 个注浆钻孔中 16 个出水，出水点密集，且出水量较大。钻孔中注浆量也较大，注浆后堵水率达到 92.6%，说明此区为强岩溶富水性区。

富水性分区首先根据单次突水量 Q 的大小划分，其中 $Q \leqslant 60\ m^3/h$ 的区域为弱富水区，$60\ m^3/h < Q < 600\ m^3/h$ 的区域为中等富水区，$Q \geqslant 600\ m^3/h$ 的区域为强富水区。其次，综合注浆钻孔信息、物探信息，利用 MapGIS 平台进行信息融合，对井田范围内现采工作面底板岩溶富水性进行分区，将物探低阻异常区和钻孔注浆区划分为强富水区范围，见图 5-20。

5.4.3　突水危险性评价

采用 MapGIS 软件将突水系数法分区图及奥灰含水层的富水性分区图叠加，并结合井田范围内的断裂发育情况，得出王河矿 ±0 m 开采水平以下$一_1$ 煤底板突水危险性分区图(见图 5-22)。从图 5-22 中可以看出，±0 m 开采水平以下的采区评价结果如下：

(1)突水极危险区。包括：王河矿西翼 -150 m 开采水平以上的全部区域，该区富水性极强，水压大，隔水层厚度在 10 m 左右；109070 工作面物探低阻区和注浆区、±0 m 大巷裂隙带 -100 m 开采水平以上范围和 109 采区发育的北北东向条带状裂隙密集区，这些区域富水性强，岩溶裂隙发育，109 采区已发生多次突水，突水量多大于 100 m^3/h，最大

表 5-8 王河煤矿 109070 工作面堵水工程钻孔注浆量情况

孔号	方位	角度(°)	终孔深度(m)	见奥灰距孔口深度(m)	出水点进入奥灰垂直深度(m)	铝土泥岩厚度(m)	出水点距孔口距离(m)	出水量(m^3/h)	水压(MPa)	注浆量(t)	说明
1										41.6	固好孔口管未打
2	198	+1	108	80.9						40.9	加深至 120 m
4	202	−1	106	65		13					
5	193	0	113	63		10.8				14.6	加深至 120 m
6	179	−4	98.4	39.8	11.5	11	97	60	0.53	1	75 m 时出水 3 m^3/h
7	158	−6	56	23.3	6	5		30	0.53	105.3	后变小为 10 m^3/h
8	175	−6	97.5	24		7		2	0.21	6	
9	197	+4	80.25	无			60.75	30	0.53	3.6	
10	166	−9	78.75	16	19.5	5	60.75	25	0.53	124.3	17.3 m 时出水 3 m^3/h，加深到 120 m
11	175	−9	71.75	17	16	7	70.25	70	0.53	29	
12	184	−10	119.5	26.25	25	10	119.5	60	0.85	331.5	
13	196	+6.5	109	20			106	88		107	107.5 m 时出水
14	200	−14	80					5			
15	170	−15	127.5					3			
16	170	−15	75.5					110	0.8		73.25 m 时出水
17	168	−15	67.5					150	0.8		65.25 m 时出水
出水点										112.3	
新切 1	156	−1	62.5	无			54	13	0.4	4	
新切 2	157	−4	66.75	无			57.4	10	0.16	17	
新切 3	159	−3	51				48.75	30.4	0.4		
新切 6	160	+6	55							10	
新切 7	160	+3	60				55	20	0.4		
合计			1 683.9								

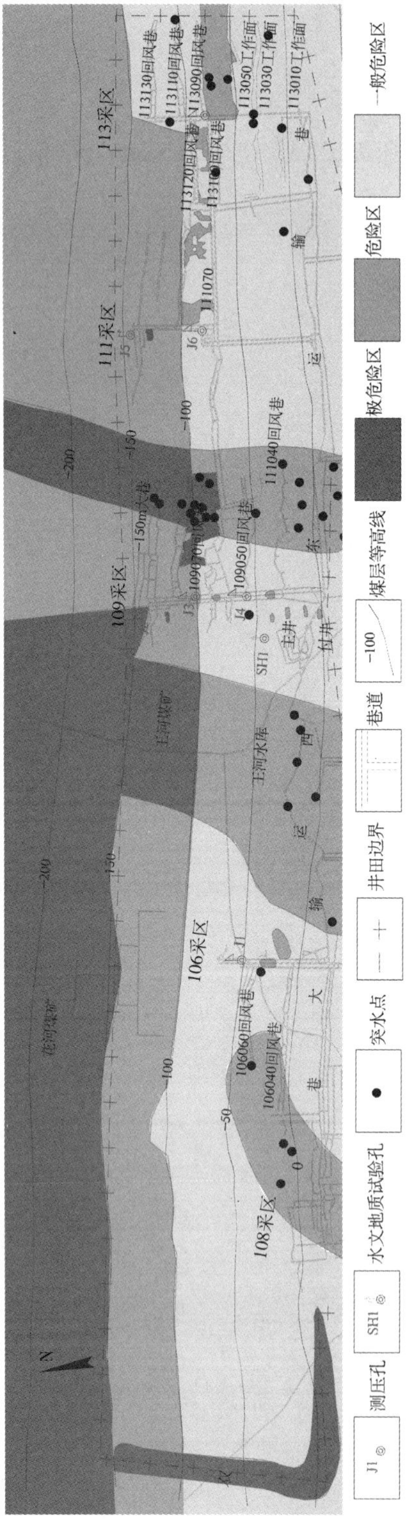

图 5-22　王河矿 ±0 m 开采水平以下一$_1$煤层底板突水危险性分区

突水量达 500 m^3/h;106 采区北边界处的花河煤矿、108 采区南部和西部分布多个小煤窑,因其均有跨越王河井田边界采煤行为,则老空水对 106、108 采区构成突水威胁。

(2)突水危险区。包括:-100 ~ -150 m 开采水平除极危险区和 113 采区外的全部区域,该区水压中等,中型突水在本区发生率较高;106 采区裂隙密集区、-100 m 开采水平以下 ±0 m 大巷裂隙带和 111070 物探低阻区和其他零星分布的物探低阻区,该区水压中等,富水性强,突水量大,其中 106 采区已发生多次大型突水,最大突水量为1 500 m^3/h;113070 和 113080 工作面发生两次突水,突水量较大,为 65 m^3/h 和 650 m^3/h,其对采煤也造成较大威胁。

(3)突水一般危险区。包括:±0 ~ -100 m 开采水平除极危险区和较危险区外的全部区域,该区水压较小,突水强度低;113 采区 -100 ~ -150 m 开采水平,该区富水性较差,构造裂隙较发育,发生小型突水,突水强度低,一般不超过 60 m^3/h。

第 6 章　区域地下水及王河煤矿矿井涌水量数值模拟

由于地下水流运动方程的推导是以水流服从 Darcy 定律为前提的，而 Darcy 定律又是在多孔介质中的试验定律，因此一般来说，数值法只适用于孔隙介质。但大量研究表明：我国北方裂隙岩溶水地区，虽然溶蚀裂隙发育不均匀，但地下水流具有统一的地下水面，水流运动基本服从 Darcy 定律，可以近似地运用等效多孔介质模型。因此，本书采用等效多孔介质模型进行矿井涌水量数值模拟。

岩溶地下水往往具有"三水"转化迅速，含水介质导水能力强且非均质各向异性明显的特点，进行矿井涌水量预测时，边界条件不合理势必会造成计算成果有很大的偏差。王河煤矿岩溶水系统的四周边界都不是自然边界，边界条件不易确定。因此，将计算区延伸到具有完整水文地质边界的整个荥巩矿区（见图 6-1）。但由于模拟范围太大，使得计算网格尺寸过大，矿区地下水模拟时无法考虑含水层的精细刻画以及开采工作面大小、形状等，从而无法精确获得开采工作面的涌水量。为了解决该问题，运用 GMS（Groundwater Model System）进行先粗后细两步模拟，即先以荥巩矿区为计算区建立大范围区域模型（区域模型），然后以区域模型计算的地下水位或流量作为局部模型的边界条件建立王河矿区涌水量模拟模型（局部模型）。局部模型比区域模型刻画得更精细。这样，既能分析大区域范围内水流对矿区地下水的影响，又能保证王河煤矿矿井涌水量预测的正确性与精确度。

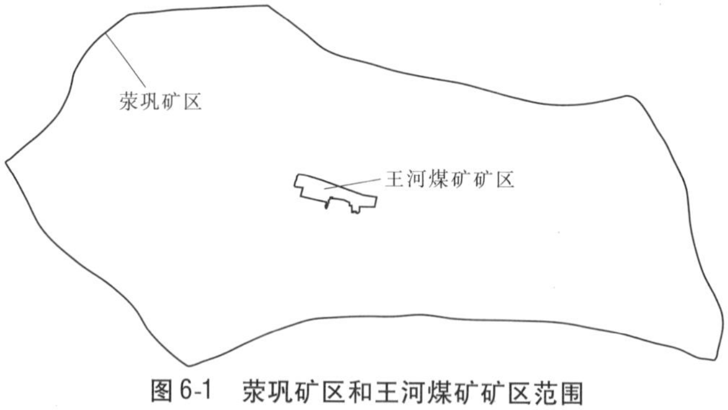

图 6-1　荥巩矿区和王河煤矿矿区范围

6.1　区域地下水数值模拟

6.1.1　水文地质条件概化

6.1.1.1　计算区范围

模拟范围的确定，应该以计算区水文地质条件为依据，同时应充分考虑地下水系统的完整性和独立性。荥巩矿区位于一个比较完整的地下水系统内。其模拟范围为:北部以郭小寨断层和须水断层为界,东部以地下水分水岭为界,南部以荥密复背斜轴部和五指岭断层为界,西部以沙鱼沟断层为界,如图 6-2 所示,面积为 1 019.01 km^2。其中南部出露的寒武系中统徐庄组($\in_{2x}$)透水性很差,可看做隔水层,故认为寒武系下统含水层与中、上统含水层无水力联系,计算时不考虑寒武系下统含水层和中统徐庄组,计算区面积(见图 6-2 中点画线范围)变为 857.80 km^2。

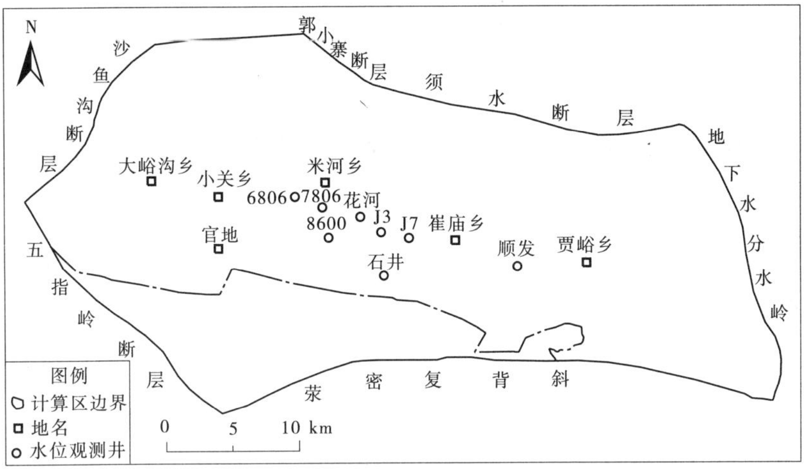

图 6-2　计算区范围

6.1.1.2　含水层结构概化

此次模拟的目的含水层为奥陶系含水层、中上寒武系含水层(包括寒武系中统张夏组含水层和寒武系上统含水层)和石炭系太原组含水层。由于奥陶系含水层和中上寒武系含水层水力联系非常密切,简化为一个含水层,简称中上寒武—奥陶系含水层。该含水层在裸露区为潜水含水层,隐伏区为承压含水层。中上寒武—奥陶系含水层通过其上部本溪组弱透水层与太原组含水层发生水力联系,垂向上概化为三层。因采煤矿井长期排水,计算区南部太原组含水层已疏干。

由于工作区不同地段含水层岩性、厚度、岩溶发育程度不同,其渗透性也不同,故将计算区含水层概化为非均质各向同性承压—无压含水层。

6.1.1.3　边界条件概化

(1)侧向边界。

据第 3 章区域水文地质条件的分析可知:西部边界沙鱼沟断层为隔水断层,东部边界为地下水分水岭,南部边界五指岭断层和荥密复背斜及北部边界郭小寨断层和须水断层均为隔水边界,计算区内地下水与侧向边界基本无水量交换。

(2)垂向边界。

计算区上部边界在碳酸盐岩出露区为潜水面,是位置不断变化的水量交换边界;碳酸盐岩覆盖区石炭系太原组含水层上部地层由泥岩、砂质泥岩和中细砂岩组成,平均厚度 20 m 左右,岩石裂隙不发育,透水性差,隔水性能良好,概化为隔水边界。计算区下部边界寒武系中统徐庄组概化为隔水边界。

6.1.1.4　源汇项概化

计算区地下水的补给量主要是降水入渗补给量;排泄量主要是矿井排水,其次是泉排泄,还有少量人工开采。

6.1.1.5　水文地质概念模型

综上所述,将计算区水文地质条件概化为非均质各向同性三维非稳定地下水流系统。

6.1.2　数值模拟模型

6.1.2.1　数学模型

根据上述的水文地质概念模型,研究区地下水流数学模型可用下面偏微分方程的定解问题来描述。

$$\begin{cases}\dfrac{\partial}{\partial x}\left(K\dfrac{\partial H}{\partial x}\right)+\dfrac{\partial}{\partial y}\left(K\dfrac{\partial H}{\partial y}\right)+\dfrac{\partial}{\partial z}\left(K\dfrac{\partial H}{\partial z}\right)+\varepsilon = S_s\dfrac{\partial H}{\partial t} & (x,y,z)\in\Omega,t\geqslant 0\\ H(x,y,z,t)\big|_{t=0} = H_0(x,y,z) & (x,y,z)\in\Omega\\ \left.\dfrac{\partial H}{\partial\vec{n}}\right|_{S_2} = 0 & (x,y,z)\in S_2,t\geqslant 0\end{cases}$$

式中:Ω 为模拟渗流区域;(x,y,z) 为空间位置坐标;t 为时间,d;$H(x,y,z,t)$ 为模拟区内地下水位,m;K 为含水层渗透系数,m/d;S_s 为含水层贮水率,1/m;ε 为源汇项,包括降水入渗补给、矿井排水等;$H_0(x,y,z)$ 为初始时刻渗流区内及边界上的地下水位,m;S_2 表示二类边界;$\vec{n}$ 为边界外法线方向。

6.1.2.2　计算区剖分

计算区面积为 857.80 km^2,采用矩形等距剖分,网格间距为 500 m×500 m。由于南部裸露区太原组含水层已疏干,故第一层和第二层设为不计算区(平面剖分见图 6-3(a)),第三层平面剖分见图 6-3(b),共剖分了 53 行、113 列,计 8 261 个有效计算单元(第一、二层 2 415 个,第三层 3 431 个)。横剖面及纵剖面剖分见图 6-4 和图 6-5。计算区不同视角地层立体图见图 6-6 ~ 图 6-9。

6.1.2.3　水文地质参数分区及初值

计算区参数分区如下:石炭系太原组含水层渗透系数和贮水率有 6 个分区(见图 6-10);石炭系本溪组弱透水层参数分区与太原组含水层相同;中上寒武—奥陶系含水层渗透系数有 10 个分区(见图 6-11),给水度有 3 个分区(见图 6-11 中的 1 ~ 3 区),贮水率有 7 个分区(见图 6-11 中的 4 ~ 10 区)。各分区参数的初值主要根据已有各个勘察和研究阶段所进行的抽水试验成果确定(见表 6-1 ~ 表 6-3)。此外,2008 ~ 2009 年在王河煤矿主井附近打了 1 眼地面水文地质试验孔(位于表 6-2 中的 6 区),2010 年对该孔进行了单孔抽水试验,根据抽水试验中的水位恢复试验数据,可知奥陶系灰岩含水层渗透系数为 2.52 m/d,由于抽水孔还受矿区排水影响,计算的参数应大于 2.52 m/d。故将初值定为 7.5 m/d。

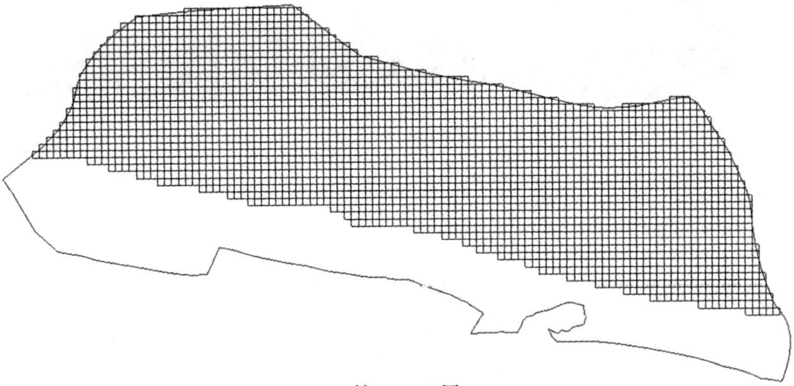

(a) 第一、二层

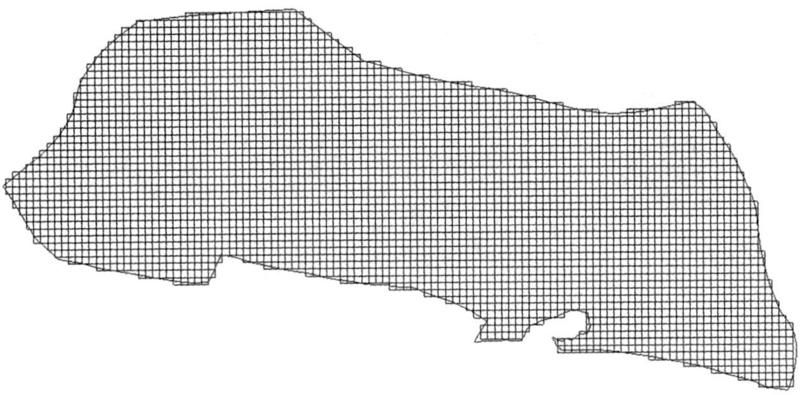

(b) 第三层

图6-3　计算区平面剖分

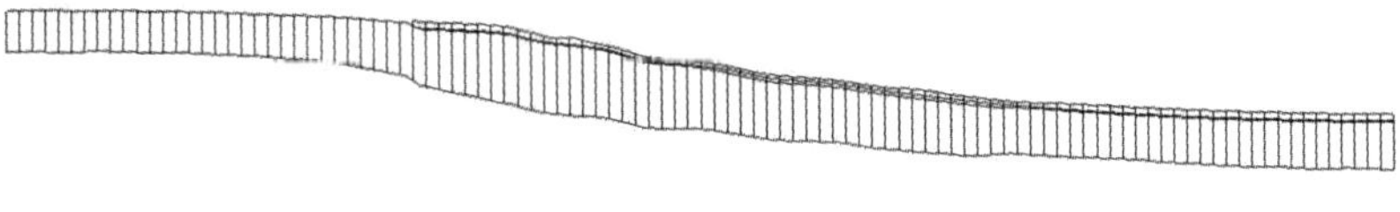

图6-4　横剖面剖分(第27行)

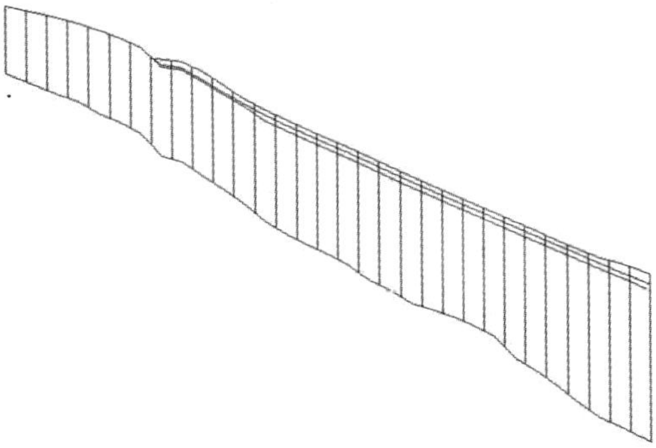

图6-5　纵剖面剖分(第54列)

图 6-6　地层立体图(南部视角)

注:绿色为石炭系太原组含水层,红色为石炭系本溪组含水层,蓝色为中上寒武—奥陶系含水层,下同。

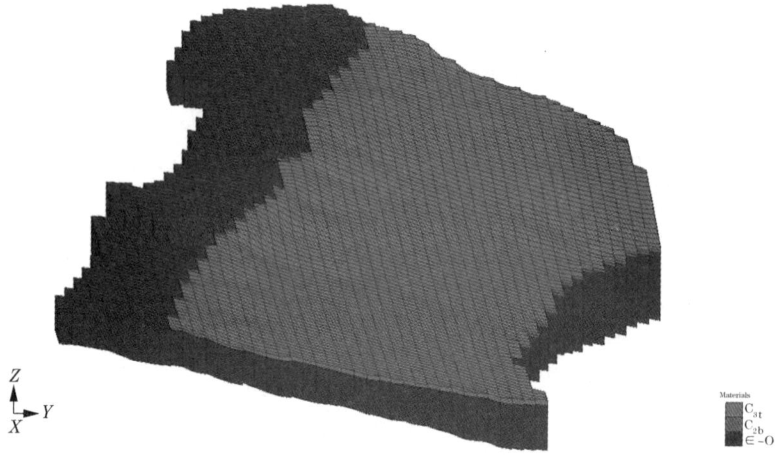

图 6-7　地层立体图(东部视角)

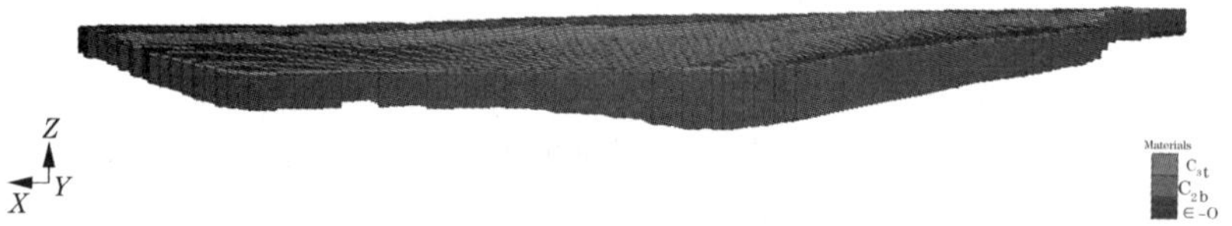

图 6-8　地层立体图(北部视角)

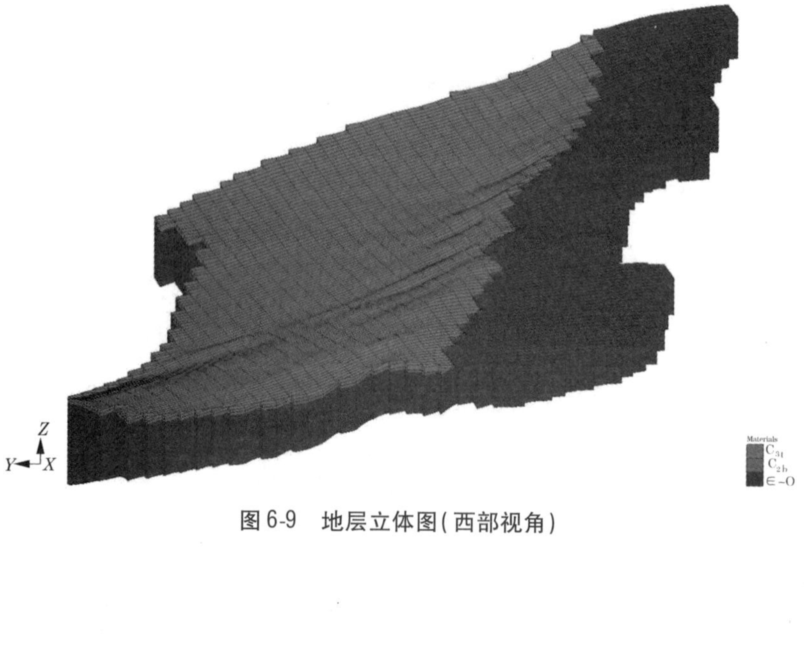

图 6-9　地层立体图(西部视角)

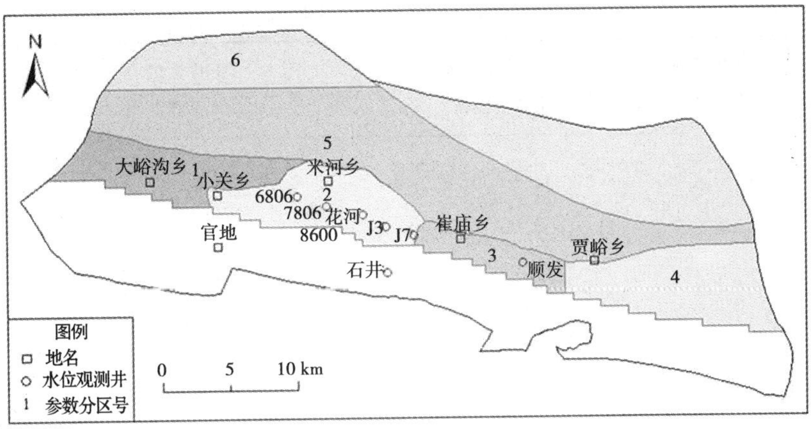

图 6-10　石炭系太原组含水层参数分区

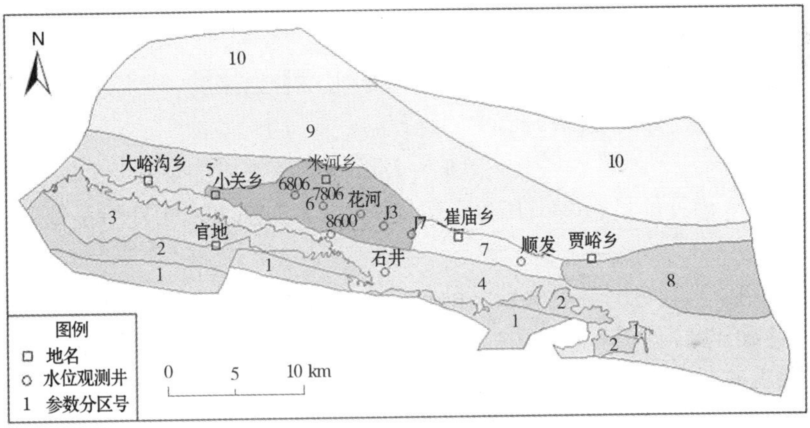

图 6-11　中上寒武—奥陶系含水层参数分区

表 6-1　太原组含水层参数初值

分区	渗透系数(m/d)	贮水率(1/m)	分区	渗透系数(m/d)	贮水率(1/m)
1	0.19	0.000 1	4	0.40	0.000 1
2	0.53	0.000 1	5	0.10	0.000 1
3	0.28	0.000 1	6	0.025	0.000 1

表 6-2　本溪组弱透水层参数初值

分区	渗透系数(m/d)	分区	渗透系数(m/d)
1 ~ 3	0.000 15	4 ~ 6	0.000 04

表 6-3　中上寒武—奥陶系含水层参数初值

分区	渗透系数(m/d)	给水度(无量纲)或贮水率(1/m)	分区	渗透系数(m/d)	给水度(无量纲)或贮水率(1/m)
1	2.5	0.06	6	7.5	0.000 4
2	3.4	0.06	7	6.6	0.000 4
3	3.2	0.06	8	4.5	0.000 4
4	1.2	0.000 4	9	2.6	0.000 4
5	4.9	0.000 4	10	0.4	0.000 4

6.1.2.4　源汇项处理

(1)降水入渗补给量。

降水入渗补给是中上寒武—奥陶系含水层的主要补给来源,降水入渗补给量与降水量、包气带岩性和厚度有关,计算公式为:

$$Q_j = P\alpha F$$

式中:Q_j 为降水入渗补给量,m^3/d;P 为降水量,m/d;α 为降水入渗补给系数;F 为计算区面积,m^2。

降水量采用荥阳和巩义两个气象站的日降水统计资料。降水入渗补给系数分区与南部出露区的参数分区(见图 6-11 中的 1 ~ 3 区)相同,入渗系数值采用河南理工大学等单位完成的《荥巩矿区一$_1$ 煤开采岩溶水分布运移规律与水害防治对策研究》中给出的系数(见表 6-4)。各分区的降水入渗补给量均概化为补给强度输入模型。

表 6-4　降水入渗补给系数值

参数分区	1	2	3
降水入渗补给系数	0.22	0.26	0.25

由于 GMS 的降雨补给只能赋给第一层,在填充程序包中的填充选择里选择最高填充作用储存格,使降雨能够直接补给到第三层。

(2)矿井排水量。

此次模拟统计了计算区内 9 个煤矿的矿井排水量资料,分别为王河煤矿、新中煤矿、大峪沟煤矿、徐庄煤矿、中原煤矿、鹿平煤矿、二七公司矿井、邵真煤矿和胜利煤矿。王河煤矿和新中煤矿的排水量根据日排水量资料计算分配到每个月中,其余矿井没有月排水量资料,因此取其正常排水量。其中,邵真煤矿和胜利煤矿的充水水源为石炭系太原组含水层,其余矿井的充水水源均为中上寒武—奥陶系含水层。矿井排水量以抽水井的形式输入模型。

(3)泉流量和人工开采量。

计算区南部出露区寒武系中统张夏组含水层出露泉较多,小龙池泉、庙子泉等岩溶泉流量约为300 L/s,相当于1 080 m^3/h。根据调查,区内开采岩溶水井共5眼,其中桐林电厂2眼,巩义水泥厂1眼,农用井2眼,总开采量约62.2 m^3/h。

6.1.2.5 模型求解

采用有限差分法将所建立的数学模型离散为有限差分方程组,利用GMS软件中的MODFLOW模块求解。GMS以其友好的使用界面,强大的前、后处理功能及其优良的三维可视效果已成为国际上最受欢迎的地下水系统模拟软件之一。

GMS是美国杨百翰大学的环境模型研究实验室和美国军队排水工程试验工作站在综合MODFLOW、FEMWATER、MT3DMS、RT3D、SEAM3D、MODPATH、SEEP2D、NUFT、UTCHEM等已有地下水模型的基础上开发的具有综合性和良好图形界面的地下水模拟软件包。其中,MODFLOW(模块化三维有限差分地下水流动模型)模块是美国地质调查局(U. S. Geological Survey)的Michael G. McDonald和Arlen W. Harbaugh于20世纪80年代开发的一套用于孔隙介质中地下水流动三维有限差分数值模拟软件,自其问世以来,人们已经对MODFLOW进行了多种测试,已成为一个相对标准化的专业软件,并被世界上许多官方和司法机构所认可。

GMS不仅具有地下水流模拟、地下水溶质运移模拟的功能,其在实现水文地质结构可视化功能方面亦同样突出。其中Borehole模块为利用钻孔数据建立三维地层的模块,可以对钻孔资料进行管理,并利用这些资料数据自动或手动生成水文地质体,建立水文地质结构模型。由该模块建立的水文地质结构模型,依据钻孔资料进行插值计算,确定钻孔之间的地层展布情况,真实准确地反映了水文地质结构。Solid是水文地质结构体模块,是GMS软件独有的模块。它可对由Borehole或TIN生成的水文地质结构体进行管理。在Solid中可根据需要分解和组合不同的层,在任意层位、任意位置切剖面,查看剖面上地层的展布情况,并可对模型进行空间上的旋转,从不同的角度观察模型的结构。

与同类其他应用软件相比,GMS软件具有较强优势。它模块多,功能全,使用范围广,且可以采用概念化方式建立水文地质概念模型,使该过程更直观,操作更方便。其中MODFLOW模块用户界面较同类其他软件的用户界面更友好,更合理,其前、后处理功能也更强。

6.1.3 模型识别

根据水文地质模型所建立的数学模型,必须反映实际流场的特点,因此在进行模拟预报前,必须对数学模型进行校正(识别),即校正其方程、参数以及边界条件等是否能确切地反映计算区实际水文地质条件。利用建立的数学模型,计算观测孔所在单元的水头,并和实测水头进行对比,从而反求有关水文地质参数。首先假定一组参数导入模型中,计算各观测点上各时段水位值,通过计算水位和实际水位的拟合分析,反复修改参数,当两者之间误差达到标准后,即认为此时的参数值代表含水层的参数。

6.1.3.1 模型识别时段的选择

选择2007年1月1日为模型识别时段的初始时刻,2007年12月31日为模型识别时段末刻。该时段历经枯水期和丰水期,地下水位具有明显升降的动态变化,可以比较全面地体现出含水层结构、水文地质参数以及边界条件和源汇项的特征。识别时段分为12个应力期进行模拟,1个月为一个应力期。由于水位观测资料不规则,为便于拟合,时间步长取为1天。由于计算区水位观测资料较少,这里采用非稳定流模拟法确定初始流场,即先任意给一个初始流场,运行模型,当某一时刻的计算水位和观测水位拟合较好时,把该时刻的流场值作为初始流场(见图6-12)。

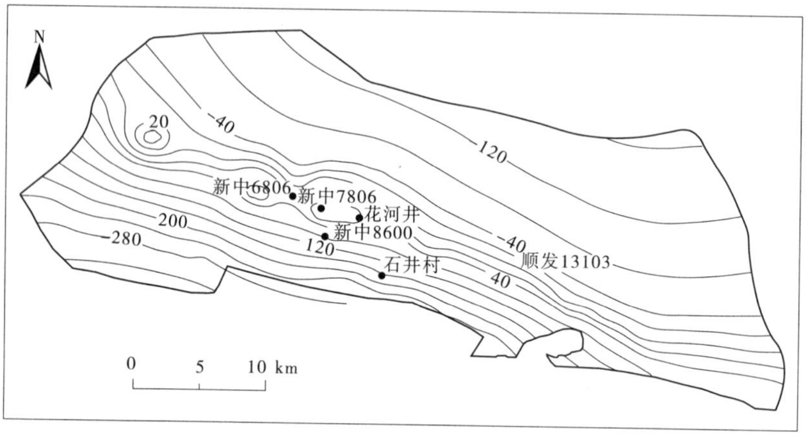

图6-12　初始流场

识别期采用3个观测井水位进行拟合,分别为新中6806、新中7806和花河井(见图6-12),全部位于中上寒武—奥陶系含水层。

6.1.3.2　识别结果

(1)参数识别结果。

由于参数分区和参数初值的选取客观地反映了实际的水文地质条件,加上细致的调参拟合,模型识别取得了较好的结果。代表性观测井的水位拟合曲线见图6-13。识别结果表明,所建立的水文地质概念模型正确,边界概化合理,源汇项处理正确,参数分区合理、取值合适。同时也说明,该模型基本能正确地反映研究区的水文地质条件。识别后的水文地质参数值见表6-5~表6-7。

(2)水均衡结果。

模型运行后,可计算水均衡量,识别期中上寒武—奥陶系含水层水均衡计算结果见表6-8。

表6-5　太原组含水层参数识别结果

分区	渗透系数(m/d)	给水度(无量纲)或贮水率(1/m)	分区	渗透系数(m/d)	给水度(无量纲)或贮水率(1/m)
1	0.18	0.000 14	4	0.43	0.000 15
2	0.52	0.000 15	5	0.09	0.000 1
3	0.3	0.000 14	6	0.02	0.000 1

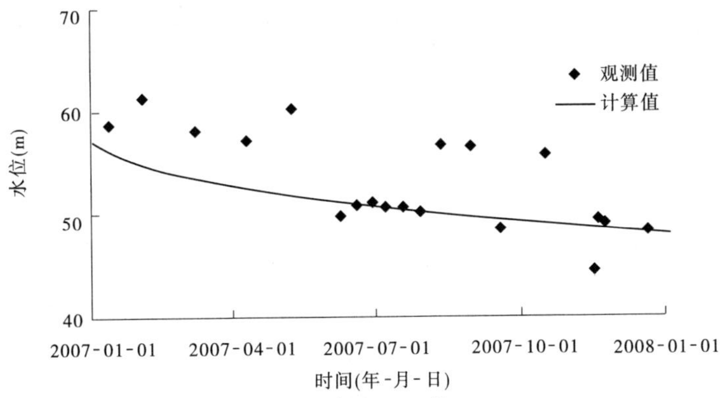

(a)新中6806井

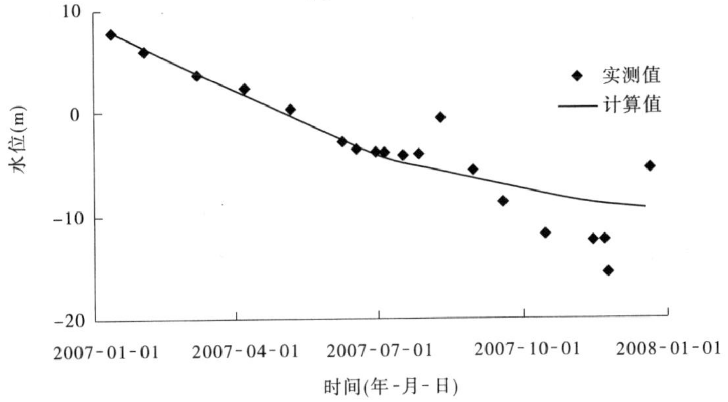

(b)新中7806井

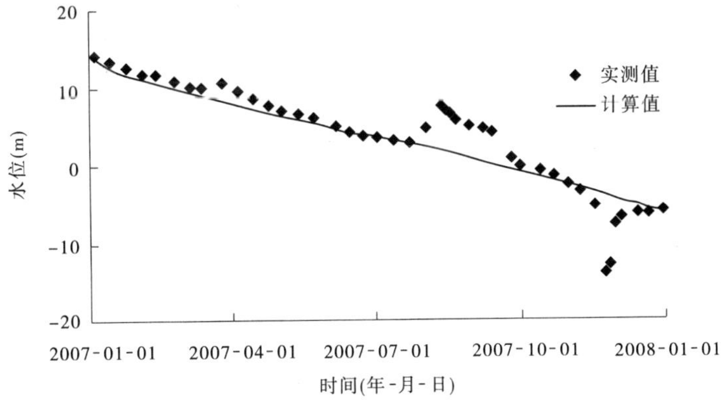

(c)花河井

图 6-13 识别期代表性观测井的水位拟合曲线

表 6-6 本溪组弱透水层参数识别结果

分区	渗透系数(m/d)	分区	渗透系数(m/d)
1～3	0.000 11	4～6	0.000 05

表 6-7　中上寒武—奥陶系含水层参数识别结果

分区	渗透系数(m/d)	给水度(无量纲)或贮水率(1/m)	分区	渗透系数(m/d)	给水度(无量纲)或贮水率(1/m)
1	2.5	0.06	6	7.0	0.000 45
2	3.4	0.06	7	6.1	0.000 43
3	3.2	0.06	8	4.2	0.000 4
4	1	0.000 32	9	2.4	0.000 35
5	4.2	0.000 43	10	0.5	0.000 32

表 6-8　识别期中上寒武—奥陶系含水层水均衡计算结果　（单位:万 m^3）

均衡期(年-月)	补给量	排泄量				均衡差
	降水入渗补给量	矿井排水量	泉流量	人工开采量	越流量	
2007-01	0.00	308.98	8.82	4.63	2.64	-325.07
2007-02	133.38	281.57	11.35	4.18	2.27	-165.99
2007-03	225.34	320.74	28.17	4.63	2.77	-130.97
2007-04	0.00	301.97	44.03	4.48	2.25	-352.73
2007-05	131.86	317.09	53.31	4.63	2.30	-245.47
2007-06	457.48	318.20	62.18	4.48	2.18	70.44
2007-07	534.03	342.09	152.01	4.63	2.23	33.07
2007-08	243.40	434.50	128.50	4.63	1.76	-325.99
2007-09	71.35	428.47	69.53	4.48	0.89	-432.02
2007-10	13.23	408.60	43.17	4.63	1.31	-444.48
2007-11	21.05	347.40	25.01	4.48	1.55	-357.39
2007-12	0.00	339.93	8.82	4.63	1.77	-355.15
平均值	152.59	345.80	52.91	4.54	1.99	-252.65
全年合计	1 831.12	4 149.55	634.90	54.51	23.92	-3 031.76

由表 6-8 可以看出，除 6、7 月份降雨量较大外，其余月份均为负均衡，水位呈下降趋势。

6.1.4　模型验证

为进一步验证所建立的数学模型和模型参数的可靠性，利用已有其他时段的地下水位动态观测资料对数学模型进行了验证。

由于 2008 年 5 月 14 日大峪沟煤矿大量突水后，计算区水位急剧下降，推测时受深部断层影响，深部地下水与岩溶水沟通，模型和正常的参数很难模拟这一突发情况，因此选择2008年1月1日~5月13日为模型的验证时段。初始流场取识别时段末的流场。验证期分为5个应力期，1个月为一个应力期，1天为一个时间步长。

代表性观测孔的水位拟合曲线见图6-14。模型识别和检验结果证明所建立的数学模型、边界条件、水文地质参数和源汇项的确定都是合理的。验证期水均衡计算结果见表6-9。由表6-9可以看出，验证期每个月都是负均衡的。

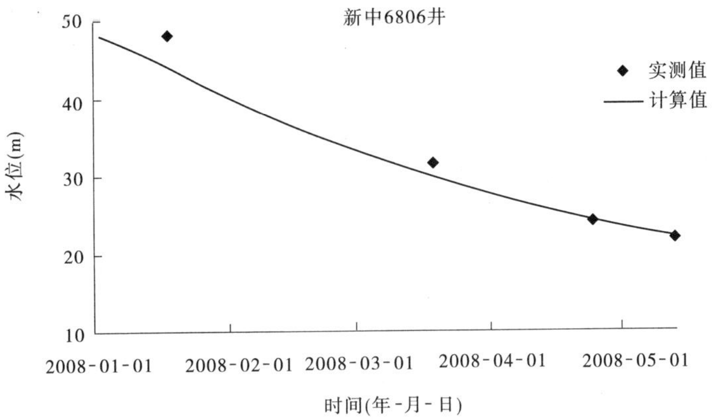

图6-14　验证期代表性观测孔水位拟合曲线

表6-9　验证期中上寒武—奥陶系水均衡计算结果　(单位：万 m^3)

均衡期(年-月)	补给量	排泄量				均衡差
	降水入渗补给量	矿井排水量	泉流量	人工开采量	越流量	
2008-01	27.87	320.52	10.33	4.15	2.25	-309.38
2008-02	15.14	294.41	9.84	3.67	1.86	-294.64
2008-03	12.81	298.12	10.65	4.14	2.35	-302.45
2008-04	57.93	293.33	18.55	3.96	1.84	-259.75
2008-05-01 ~05-13	57.98	124.58	7.20	1.61	0.74	-76.15

6.2　王河煤矿矿井涌水量数值模拟

6.2.1　区域模型到局部模型的转化

从区域模型建立局部模型有很多方法。第一种方法是把局部模型的边界作为已知水头边界，其水头用区域模型计算出的水头值。即建立一个矩形网格，两个边界平行于区域模型的等水头线(即两个已知水头边界)；另两个边界为隔水边界，与区域模型的等水头线相垂直。第二种方法是把局部模型的边界作为已知流量边界，其流量为区域模型计算出的流量值。第一种方法较方便，但是适合于稳定流模拟，因此采用第二种方法。

6.2.2　地层三维立体模型

地下水是赋存于含水层介质中的，构建水文地质概念模型时，首先需对含水介质进行建模，将含水层与隔水层三维空间展示出来。这样建立的三维地层模型能够直观清晰地展示研究区地层及含水层系统结构、含水层间复杂的接触关系等情况，为水文地质概念模型的概化提供了良好的平台和基础。此次研究运用 GMS 建立王河矿区地层三维立体模型。

6.2.2.1　计算区范围

局部模型计算范围（见图 6-15 中虚线）是根据王河井田边界（见图 6-15 中实线）修改确定的。北部边界从煤层底板 –150 m 标高改为 –200 m 标高，南部边界改为煤层底板标高 ±0 m 等值线（0 m 以下为采空区，不做模拟），西部和东部边界不变。计算区面积为 7.21 km^2。

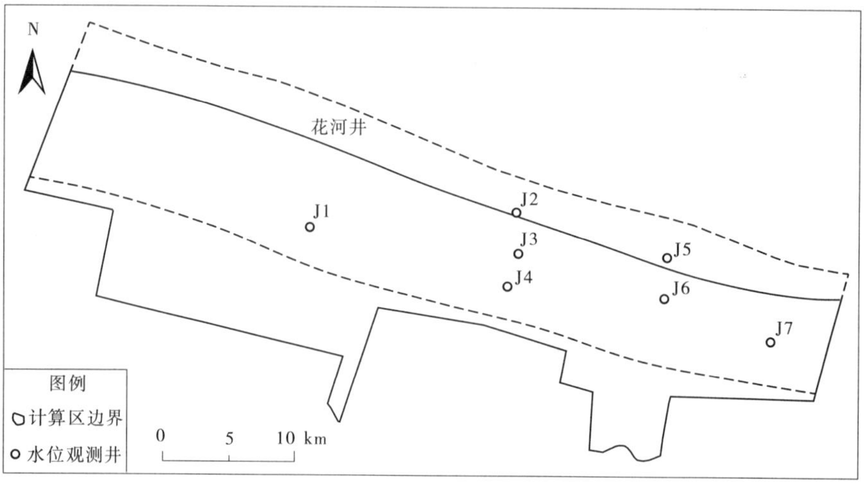

图 6-15　局部模型计算区范围

6.2.2.2　地层三维立体模型的建立

王河矿区的主要含水层有 3 层，从上到下依次为石炭系太原组 L_{1-2} 灰岩含水层（$C_{3t}L_{1-2}$）、石炭系本溪组铝土质泥岩弱透水层（C_{2b}）、中上寒武—奥陶系灰岩含水层（∈—O）。

根据瞬变电磁法勘探结果，中上寒武—奥陶系含水层在顶板以下某一深度（总勘探深度为 100 m）存在低阻异常区，故根据其富水性不同可分为 3 层：∈—O_1、∈—O_2、∈—O_3。另外，根据钻孔揭露，奥陶系灰岩顶面以下 30 m 范围内岩溶较发育。因此，没有进行物探工作的地区按照奥陶系顶板以下 30 m 和 100 m 进行分层。

此次整理了王河矿区的 22 个钻孔资料（钻孔位置见图 6-16），各钻孔的 $C_{3t}L_{1-2}$ 顶板、底板和 C_{2b} 底板高程从钻孔柱状图和 93 线、102 线、108 线、112 线地质剖面图得到，∈—O_3 底板高程根据荥巩矿区水文地质剖面图得到，∈—O_1 和 ∈—O_2 底板高程根据物探资料得到。

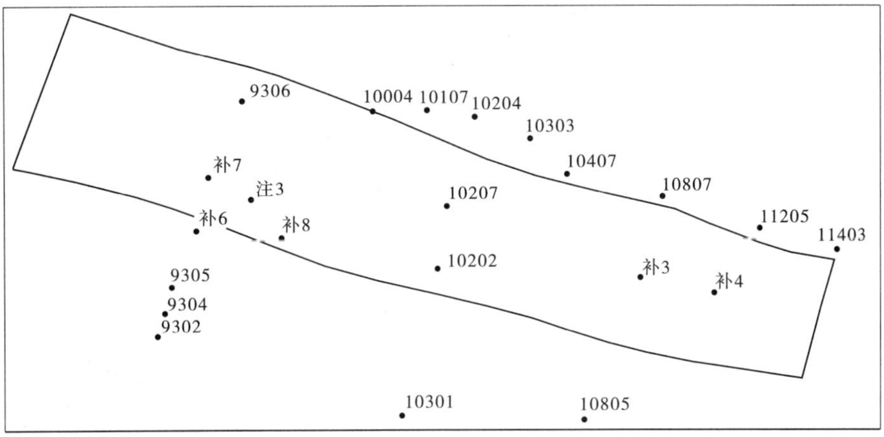

图 6-16　钻孔位置

6.2.2.3　地层三维立体模型与功能

建成后的地层三维立体模型直观地展现了王河矿区含水层整体空间组合形式，实现了含水层三维可视化。如图 6-17 所示，可以清楚地看到含水层与地层的组合情况。

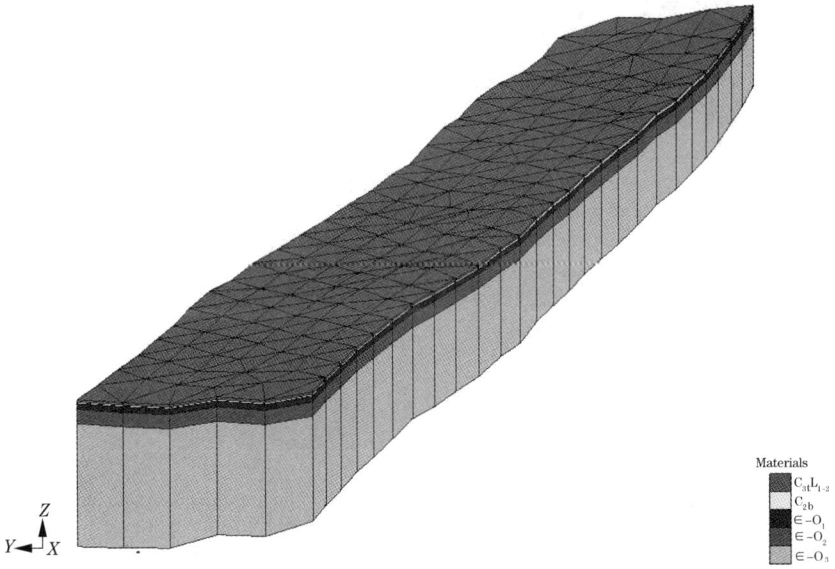

图 6-17　地层三维立体模型

通过在任意方向上切割地层产生纵剖面图，有助于更好地了解地层的空间分布。剖面位置如图 6-18 所示。通过剖面组的形式，可以清楚地显现含水层及地层的组合关系，如图 6-19 所示。也可以单独显示某个剖面的含水层空间结构，如图 6-20 所示。

以上含水层三维结构模型，使我们对整个研究区水文地质结构、含水层间复杂的接触关系有了更完整、更具体的认识，并且可以按不同需要随时随地了解任意地区含水层的分

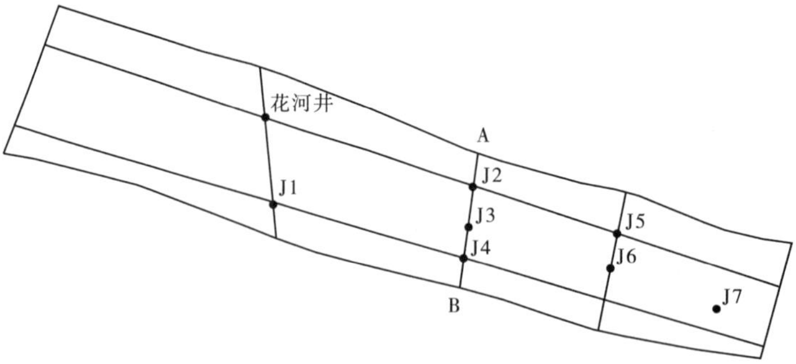

图 6-18　剖面位置

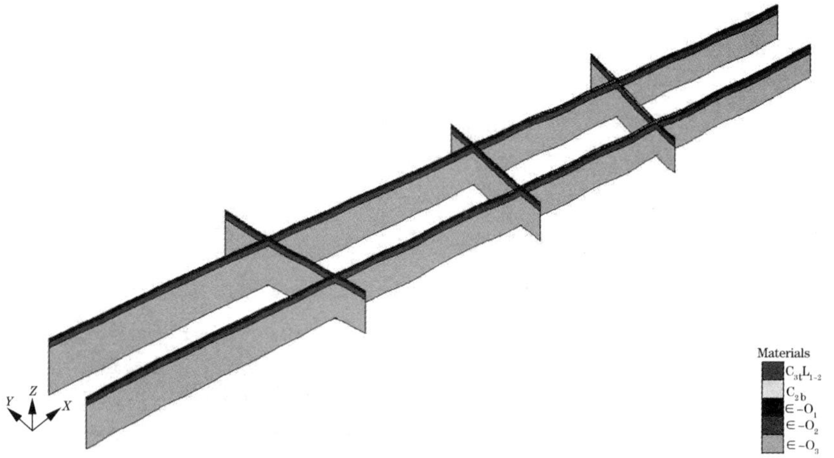

图 6-19　不同方向剖面组合

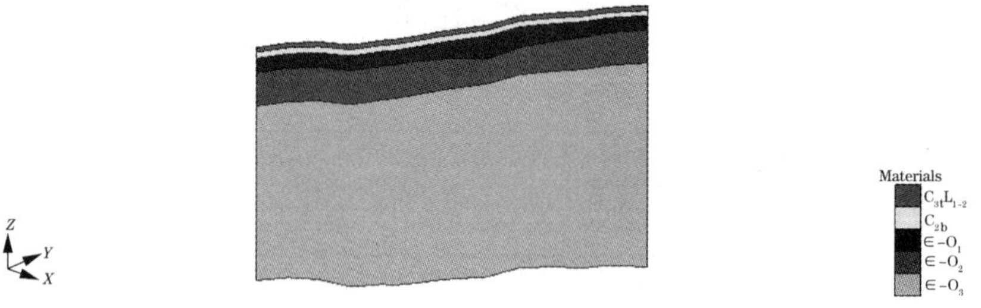

图 6-20　A—B 剖面含水层结构

布形态与埋藏特征，体现了真正意义上“多维视角、随意切剖、地理位置与三维含水层结构组合相对照”的特色。

6.2.3　水文地质条件概化

6.2.3.1　含水层结构概化

此次模拟目的含水层为石炭系太原组下段灰岩含水层和中上寒武—奥陶系灰岩含水层，两个含水层通过中间的本溪组弱透水层发生水力联系。垂向分层见 6.2.2 节。太原组下段灰岩含水层，平均厚度 10 m 左右，岩溶发育程度一般，除浅部风化带及断裂带附近岩溶较发育和富水性较强外，其余地区岩溶不太发育，富水性较差，概化为非均质各向同性承压含水层。中上寒武—奥陶系灰岩含水层，岩溶裂隙较发育，但表现出明显的不均匀性和方向性，概化为非均质各向异性承压含水层。

6.2.3.2　边界条件概化

侧向边界：计算区侧向边界全部概化为二类边界，边界流量为区域模型计算出的流量。

顶部边界：石炭系太原组下段含水层上部为太原组中段碎屑岩段隔水层，由中细粒砂岩、砂质泥岩及泥岩组成，该层段沉积厚度为 11.30 ~ 36.85 m，一般为 25 m 左右，在地表呈零星出露，补给条件不佳，裂隙不发育，透水性差，具有良好的隔水作用，是太原组上、下段灰岩含水层之间的良好隔水层，因此计算区顶部边界概化为隔水边界。

底部边界：计算区底部边界寒武系中统徐庄组概化为隔水边界。

6.2.3.3　源汇项概化

计算区源汇项主要是矿井排水和突水，以抽水井的形式输入模型。

6.2.3.4　水文地质概念模型

综上所述，将计算区水文地质条件概化为非均质各向异性三维非稳定地下水流系统。

6.2.4　数值模拟模型

6.2.4.1　数学模型

根据上述水文地质概念模型，研究区地下水流数学模型可用下面偏微分方程的定解问题来描述。

$$\begin{cases} \dfrac{\partial}{\partial x}\left(K_{xx}\dfrac{\partial H}{\partial x}\right)+\dfrac{\partial}{\partial y}\left(K_{yy}\dfrac{\partial H}{\partial y}\right)+\dfrac{\partial}{\partial z}\left(K_{zz}\dfrac{\partial H}{\partial z}\right)+\varepsilon = S_s\dfrac{\partial H}{\partial t} & (x,y,z)\in\Omega,t\geqslant 0 \\ H(x,y,z,t)\big|_{t=0} = H_0(x,y,z) & (x,y,z)\in\Omega \\ K_n\dfrac{\partial H}{\partial \vec{n}}\Big|_{S_2} = q(x,y,z,t) & (x,y,z)\in S_2,t\geqslant 0 \end{cases}$$

式中：Ω 表示模拟渗流区域；(x,y,z) 表示空间位置坐标；t 表示时间，d；$H(x,y,z,t)$ 为模拟渗流区内地下水位，m；K_{xx}、K_{yy}、K_{zz} 分别为含水层在 x、y、z 方向上的渗透系数，m/d；S_s 为含水层的贮水率，1/m；ε 为源汇项，主要是矿井排水；$H_0(x,y,z)$ 表示初始时刻（当 $t=0$ 时）渗流区内及边界上的地下水位，m；S_2 表示二类边界；K_n 为边界法线方向的渗透系数，m/d；$\vec{n}$ 为边界外法线方向；q 为计算区二类边界上的单位面积流量，$m^3/(d \cdot m^2)$。

6.2.4.2　计算区剖分

采用倾斜网格剖分，旋转角度为 73.9°，使网格的 X 方向与矿区回风巷方向一致，以便于剖分网格。采用矩形剖分，首先以 100 m × 100 m 进行剖分，然后在部分工作面和物探工作面以 25 m 和 50 m 为间距进行加密，共剖分了 121 行、28 列，计 15 985 个有效计算单元（每层 3 197 个，共 5 层）。计算区平面剖分见图 6-21。

6.2.4.3　水文地质参数分区及初值

在第 5 章充分分析构造裂隙、历年突水资料、物探资料及注浆钻孔资料的基础上，采

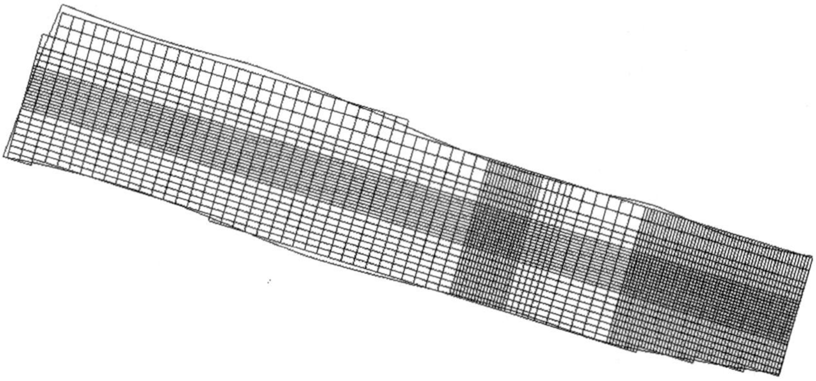

图 6-21 计算区平面剖分

用信息融合技术对研究区含水层进行水文地质参数分区。

王河煤矿矿坑采掘揭露的岩溶地层中的裂隙多以北北东向为主，常成群密集出现，平面上呈条带状分布，形成裂隙发育带，主要有 4 个裂隙密集区，分别是 106 采区、109 采区、111 采区和 113 采区裂隙密集区。而历年来的突水资料显示，突水点大多分布在四个岩溶裂隙发育带区域。

另外，井下瞬变电磁测深法对 5 个工作面及 7 个井下测压孔进行了富水性探查，得到的瞬变电磁勘探低阻异常区平面图见图 6-22。109070 工作面的注浆区也是强富水区。

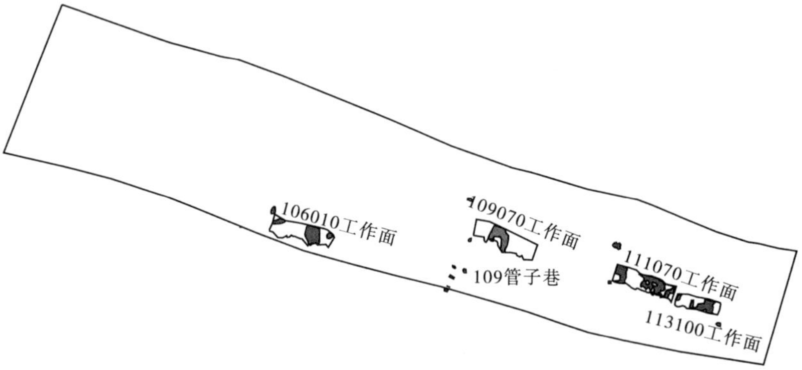

图 6-22 物探低阻异常区平面图

根据信息融合原理，综合上述构造裂隙、历年突水资料、物探资料及注浆钻孔资料的分析结果，利用 ArcGIS 平台融合在一起，对研究区进行参数分区（见图 6-23 和图 6-24）。各分区参数的初值主要根据区域模型的识别和验证结果确定（见表 6-10）。

表 6-10 各含水层参数初值

含水层	太原组下段	本溪组	中上寒武—奥陶系
渗透系数(m/d)	0.52	0.000 11	7.0
贮水率(1/m)	0.000 15		0.000 45

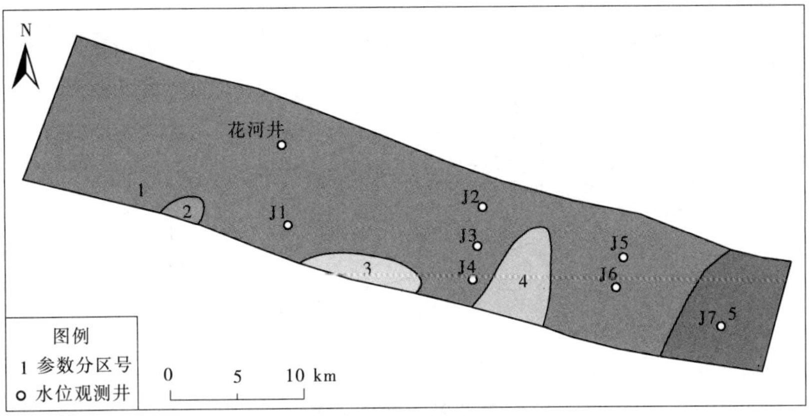

图 6-23　参数分区(1、2 层)

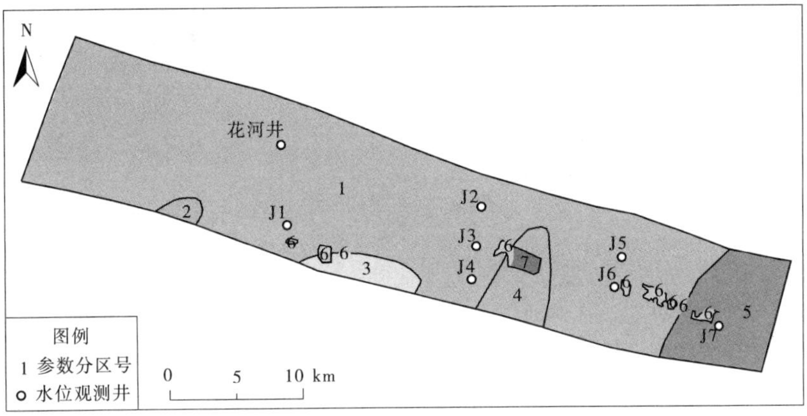

图 6-24　参数分区(3 ~ 5 层)

6.2.4.4　源汇项处理

计算区地下水排泄量为矿井排水量和突水量，矿井排水量根据实际资料分配到涌水工作面或回风巷上，突水量根据突水资料分配到突水点上。矿井排水量和突水量都以抽水井的形式输入模型。

6.2.5　模型识别和验证

选择 2008 年 5 月 1 日至 2009 年 1 月 1 日作为局部模型的识别和验证时段。初始流场结合水位观测井实测资料和区域模型的流场得到(见图 6-25)。将区域模型运行到 2009 年 1 月 1 日，取其流量作为局部模型的边界流量。

代表性观测井的水位拟合曲线见图 6-26。识别后的水文地质参数值见表 6-11 ~ 表 6-15。

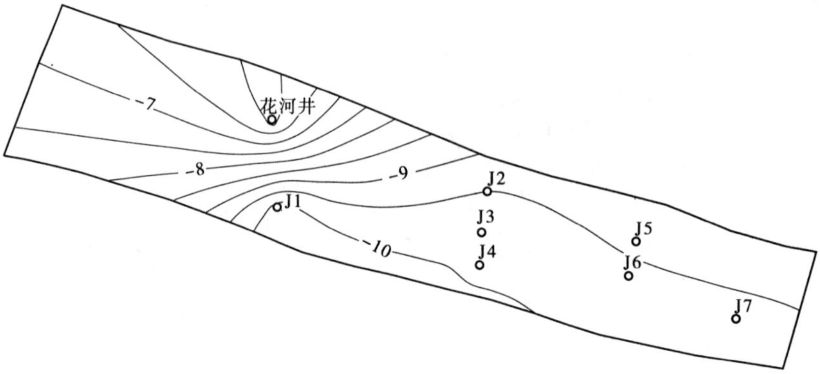

图 6-25　初始流场

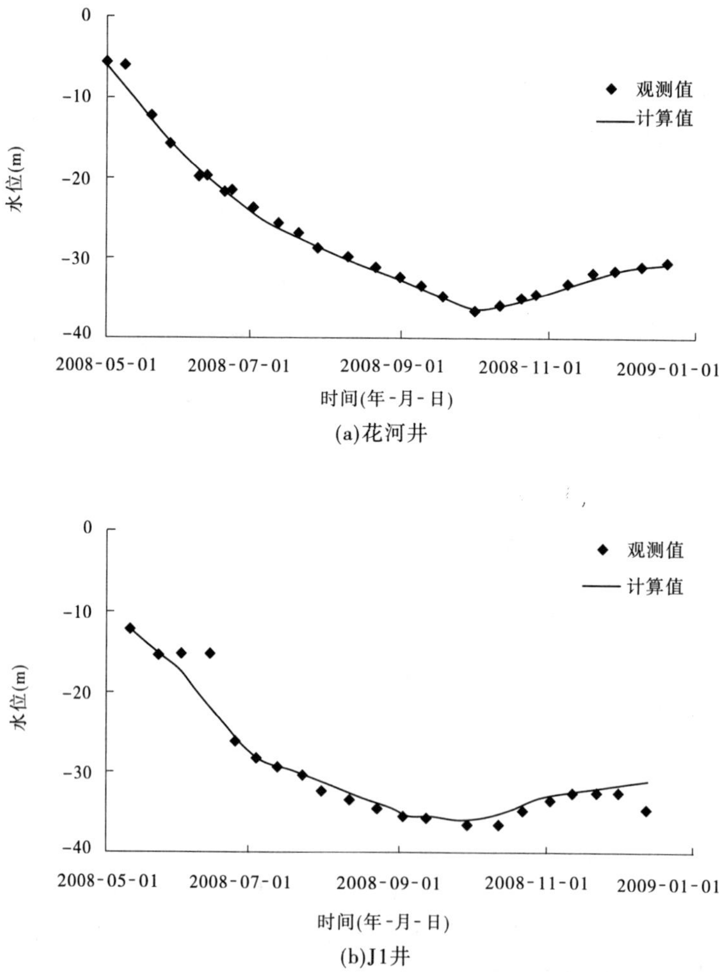

图 6-26　代表性观测井的水位拟合曲线

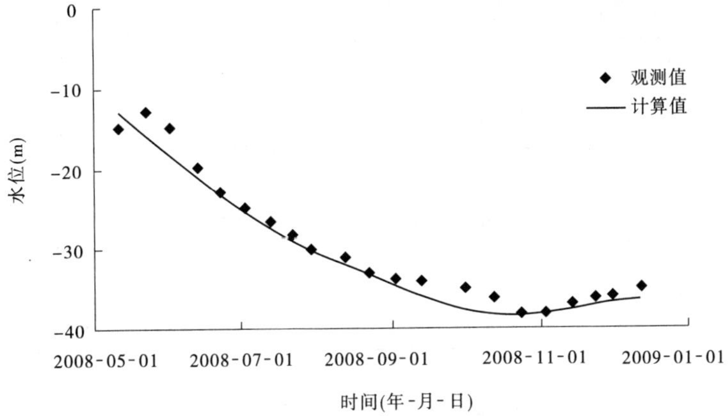

(c)J3井

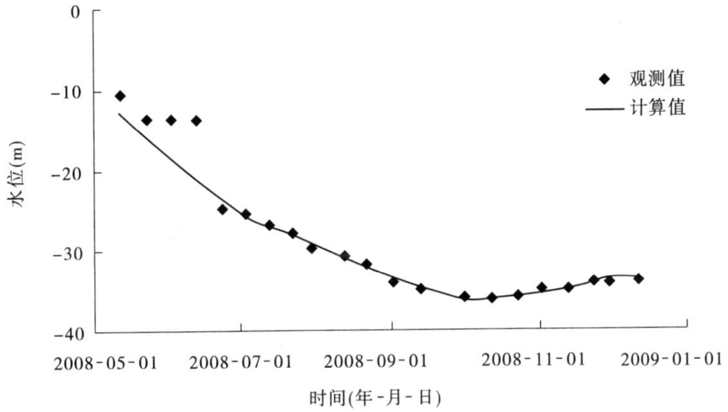

(d)J4井

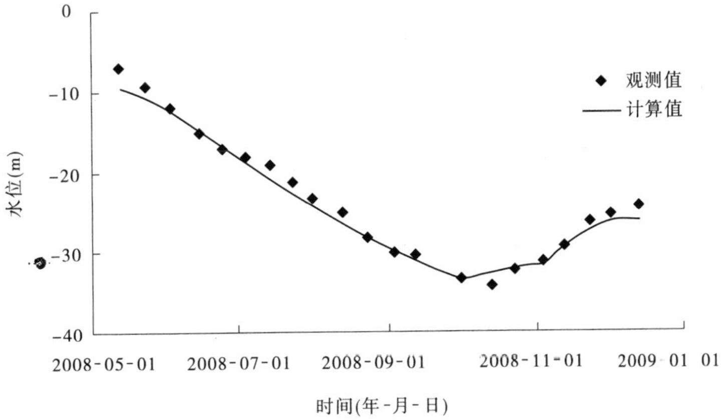

(e)J5井

续图 6-26

表 6-11　太原组下段含水层参数识别结果

参数分区	1	2	3	4	5
渗透系数(m/d)	0.1	0.2	0.2	0.3	0.2
贮水率(1/m)	0.000 036	0.000 038	0.000 038	0.000 04	0.000 038

表 6-12　本溪组含水层参数识别结果

参数分区	1	2	3	4	5
渗透系数(m/d)	0.000 91	0.000 93	0.000 94	0.000 96	0.000 94

表 6-13　中上寒武—奥陶系含水层(∈—O_1)参数识别结果

参数分区	1	2	3	4	5	6	7
K_x(m/d)	1.0	1.7	1.8	2.3	1.8	2.3	0.001
K_y(m/d)	0.7	1.2	1.3	1.6	1.3	1.8	0.001
K_z(m/d)	0.4	0.7	0.8	1.1	0.8	1.1	0.001
贮水率(1/m)	0.000 055	0.000 056	0.000 057	0.000 059	0.000 057	0.000 062	0.000 059

表 6-14　中上寒武—奥陶系含水层(∈—O_2)参数识别结果

参数分区	1	2	3	4	5	6	7
K_x(m/d)	0.5	0.8	0.9	1.2	0.9	4.3	0.001
K_y(m/d)	0.3	0.6	0.6	1.0	0.6	3.0	0.001
K_z(m/d)	0.24	0.38	0.43	0.62	0.43	2.0	0.001
贮水率(1/m)	0.000 065	0.000 067	0.000 068	0.000 07	0.000 068	0.000 075	0.000 07

表 6-15　中上寒武—奥陶系含水层(∈—O_3)参数识别结果

参数分区	1	2	3	4	5	6	7
K_x(m/d)	0.3	0.5	0.5	0.8	0.5	1.0	0.8
K_y(m/d)	0.2	0.3	0.3	0.6	0.3	0.7	0.6
K_z(m/d)	0.1	0.2	0.2	0.3	0.2	0.4	0.3
贮水率(1/m)	0.000 045	0.000 046	0.000 046	0.000 048	0.000 046	0.000 05	0.000 048

模型运行后，软件自动计算水均衡量，模拟期中上寒武—奥陶系含水层水均衡计算结果见表6-16。

表6-16　模拟期中上寒武—奥陶系含水层水均衡计算结果　（单位：万 m^3）

均衡期（年-月）	补给量	排泄量			均衡差
	边界补给量	矿井排水量	边界排泄量	向上越流量	
2008-05	13.50	68.15	107.04	3.13	-164.82
2008-06	18.03	73.08	113.24	5.61	-173.90
2008-07	32.25	73.51	69.68	7.36	-118.30
2008-08	36.71	67.78	72.82	8.66	-112.55
2008-09	37.94	60.91	54.51	9.27	-86.75
2008-10	88.91	64.58	2.40	8.91	13.02
2008-11	111.07	66.60	0.00	7.60	36.87
2008-12	83.91	69.19	0.00	7.39	7.33
合计	422.32	543.80	419.69	57.93	-599.10

6.2.6　敏感度分析

识别后的数值模型受参数值时空分布、边界条件和源汇项等不确定性因素的影响。为了比较含水层系统不同的水文地质参数和边界条件在水流模型中的作用，同时最大限度地降低不确定性因素对模型质量的影响，本书通过敏感度分析对模型的可靠性进行评价。同时，对影响地下水水位的影响因素做敏感度分析，通过分析，找出敏感因子，为未来矿井水害防治工作提供依据。

敏感度分析是指“某一因素的变化量相对于另一因素变化量的比率”，是某一因素的变化对另一因素影响的量度。通常用敏感度系数来表示参数敏感性的大小。敏感度系数是指地下水位关于各参数的偏导数，即

$$X_{i,k}=\frac{\partial H_i}{\partial a_k}$$

式中：$X_{i,k}$为地下水位 H 对第 k 个参数 a_k 在第 i 个观测点上的敏感度系数。

某一特定参数 k 的敏感度系数值，可通过对该参数施加一个扰动量，同时其他参数保持不变，然后用因变量的变化量除以参数的变化量，即

$$X_{i,k}=\frac{\partial H_i}{\partial a_k}\approx\frac{H(a_k+\Delta a_k)-H(a_k)}{\Delta a_k}$$

式中：a_k 为第 k 个参数值；Δa_k 为参数值的变化；$H(a_k)$、$H(a_k+\Delta a_k)$分别为参数变化前、后的因变量值。

由于不同参数的量纲不同，为了对不同参数的敏感度进行比较，将上式进行正规化，使不同参数的敏感度系数和因变量单位相同，即

$$X_{i,k} = \frac{H(a_k + \Delta a_k) - H(a_k)}{\frac{\Delta a_k}{a_k}}$$

敏感度分析是模拟结果用于实际问题时需要做的一个基本步骤。通过敏感度分析，可使模型更加完善，结果更趋于实际，并有助于决策者根据模型结果做出正确的决策，使与地下水有关的决策失误降到最低。敏感度分析的主要作用如下：

(1)改进和完善地下水数值模型。因资料有限、地下水系统的复杂性、人类认识的局限性等，使模型中的参数(如渗透系数、给水度、贮水率等)存在不确定性。根据敏感度分析结果，将参数对地下水数值模型的影响程度进行排序，可得到对模型结果影响较大的参数。在改进和完善模型时，可以有针对性地补充有关的勘探和试验工作，提高敏感度较高参数的精度。

(2)提高参数识别效率。敏感度分析不仅可以确定参数变化对地下水数值模型产生的影响，还能判断因参数变化造成的模型结果的变化趋势。这样在参数识别时，可重点考虑对结果影响较大的参数，在很大程度上减少了模型参数识别的工作量，提高了模型识别的效率。

此次研究计算了水文地质参数(渗透系数、贮水率)和边界条件对于因变量(地下水位)的敏感度系数。$\frac{\Delta a_k}{a_k}$取为±10%、±20%、±50%、100%。不同观测点对同一参数的敏感度系数不相同，为便于比较，对5个观测孔求出的敏感度系数的绝对值进行平均。敏感度分析结果见表6-17和图6-27。

表6-17　敏感度系数值

参数变化	-50%	-20%	-10%	10%	20%	50%	100%
渗透系数(m/d)	3.68	2.70	2.48	2.14	2.00	1.67	1.31
贮水率(1/m)	25.99	18.51	16.33	16.30	14.67	11.92	9.21
边界流量(m^3)	8.61	8.61	8.61	8.61	8.60	8.49	8.53

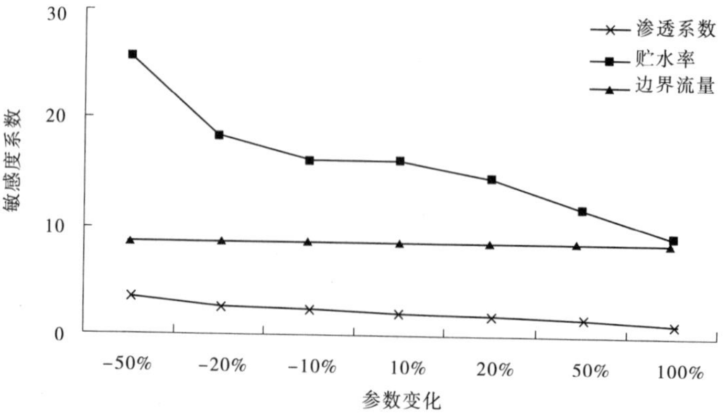

图6-27　敏感度分析结果

由表 6-17 和图 6-27 可以看出，贮水率对地下水位的影响最大，其次是边界流量，渗透系数对地下水位的影响最小。因此，在参数识别时，首先要准确识别贮水率，然后识别边界流量，分清主次，这样可以在很大程度上减少模型识别的工作量，提高模型的精度。

为了分析每个参数分区的渗透系数和贮水率对地下水位的影响程度，取 $\frac{\Delta a_k}{a_k}=50\%$，计算了其敏感度系数，结果见图 6-28 和图 6-29。其中横坐标参数分区的表示方法为"第几层 - 参数分区号"。

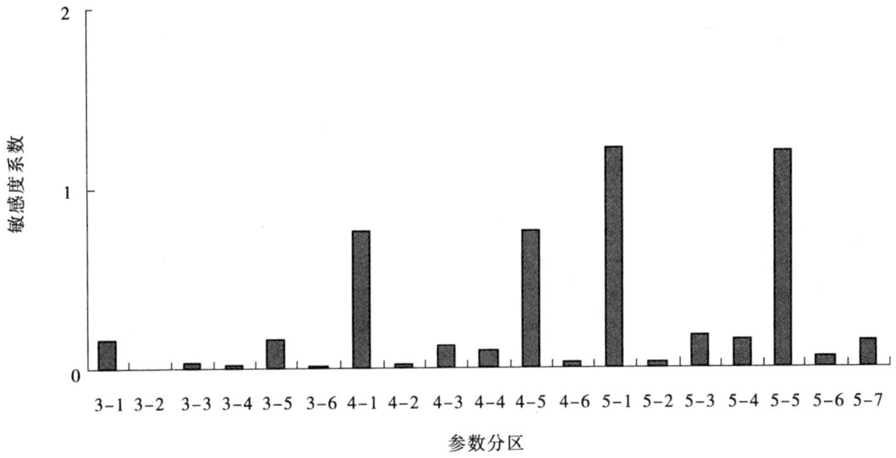

图 6-28　渗透系数的敏感度系数

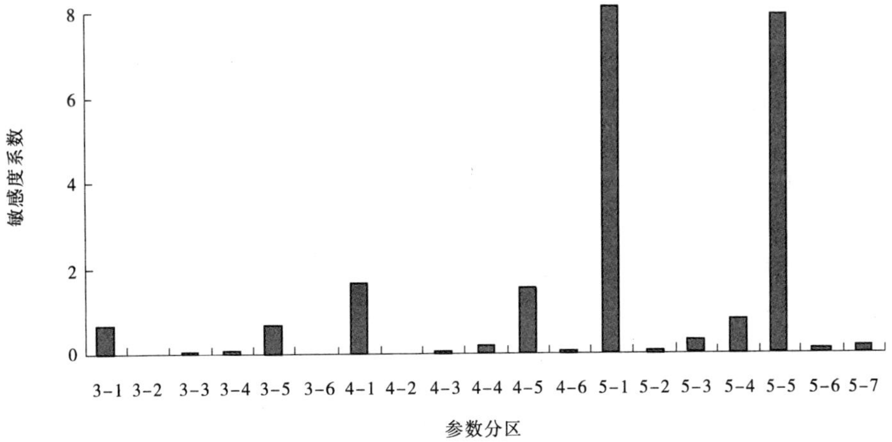

图 6-29　贮水率的敏感度系数

由图 6-28 可以看出，第 5 层（$\in$—O_3）的渗透系数对地下水位的影响最大，每层第 1 个和第 5 个参数分区对地下水位的影响最大。由图 6-29 可以看出，第 5 层（$\in$—O_3）的贮水率对地下水位的影响最大，每层第 1 个和第 5 个参数分区对地下水位的影响最大。

通过敏感度分析，可以得出模型参数对模拟结果的影响程度。对于敏感度较高的参数，该参数的微小变化将对模型产生影响，对模型的预测能力也产生影响。在参数识别时要尤其注意敏感度高的参数，尽量减少模型的不确定性对矿井涌水量预测结果的影响。

6.2.7　矿井涌水量预测

据调查，王河矿区近期准备开采东翼 111070 工作面、113090 工作面、113110 工作面、113120 工作面(见图 6-30)，这几个工作面共有煤 25 万 t，预计两年半采完。

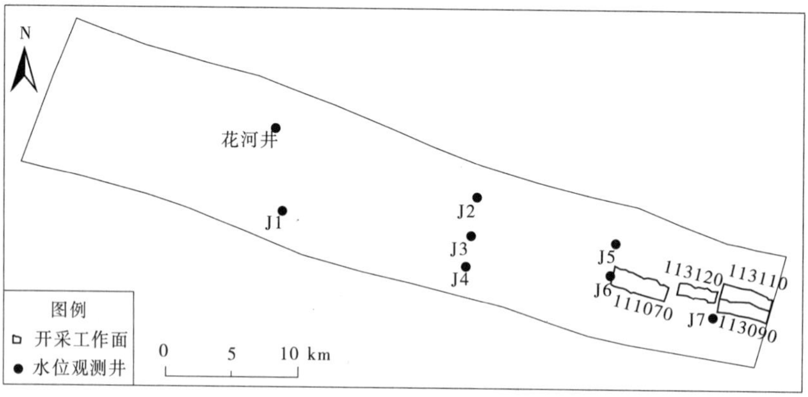

图 6-30　近期开采工作面

根据王河矿区 24 个钻孔资料可知，王河煤矿本溪组泥岩平均厚度为 9 m，最小厚度为 4.2 m，最大厚度为 20.5 m。在开采影响下，底板隔水层会发生破坏。因此，本溪组泥岩有效隔水层厚度定为 4 m。

由突水系数公式，按下式计算理论安全水头压力：

$$P = cM$$

式中：P 为理论安全水头压力，MPa；c 为突水系数，MPa/m；M 为有效隔水层厚度，m。

根据 5.4.1 节突水系数评价结果，王河矿区 −50 ~ −150 m 开采标高下的临界突水系数为 0.06 MPa/m。

把 $c = 0.06$ MPa/m 和 $M = 4$ m 代入上式可得，$P = 0.24$ MPa，即煤层底板承受的压力为 0.24 MPa(24 m 水柱高度)时认为是可安全开采的。

根据近期开采工作面的煤层底板标高，计算其安全水位(见表 6-18)。

预测模型的初始时刻为 2009 年 1 月 1 日。首先在区域模型中，降水量取多年平均降水量，矿井排水量取各煤矿正常涌水量，预测地下水流场，得到局部模型的边界流量。然后，给定疏干排水量，运用局部模型对开采范围内水位降到安全水位时所需要的疏干时间进行预测。

根据《荥阳市煤矿区水资源评价报告》，王河煤矿井下排水设备有 7 台 T1221 排水泵，每台泵出水量 540 m^3/h。因此，设计疏干水量时考虑泵的出水量。

疏干排水量与疏干时间的关系见表 6-18，中上寒武—奥陶系含水层疏干后流场见图 6-31 ~ 图 6-34。

表 6-18　疏干排水量与疏干时间的关系

工作面	煤层底板标高(m)	安全水位(m)	疏干排水量(m^3/h)	疏干时间(d)
111070	-86.5	-62.5	540	172
			1 080	36
113090	-95	-71	540	122
			1 080	31
113110	-110	-92	540	439
			1 080	116
			1 620	52
113120	-120	-102	540	472
			1 080	116
			1 620	53

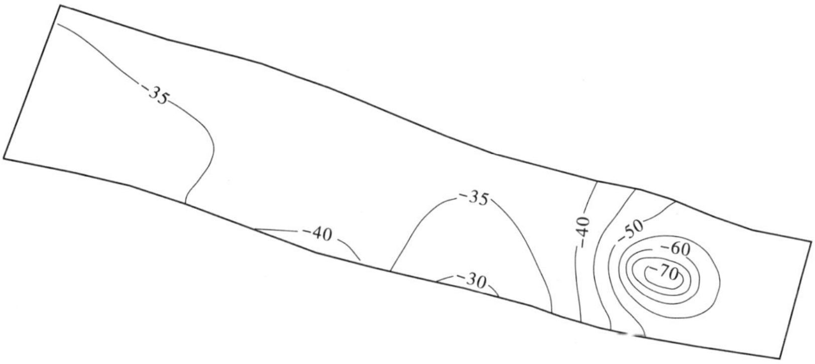

图 6-31　111070 工作面疏干后等水位线

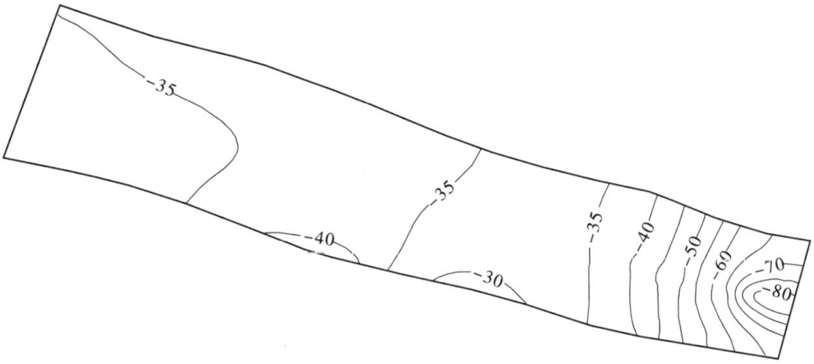

图 6-32　113090 工作面疏干后等水位线

将疏干区边界作为定水头边界,预测稳定条件下的矿井涌水量(见表 6-19)。

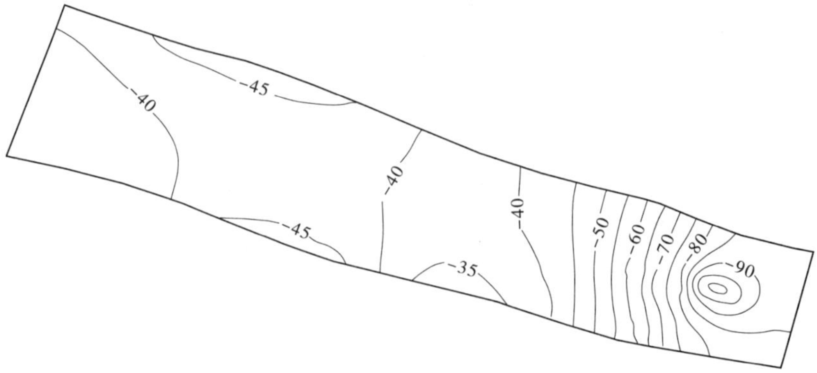

图 6-33 113110 工作面疏干后等水位线

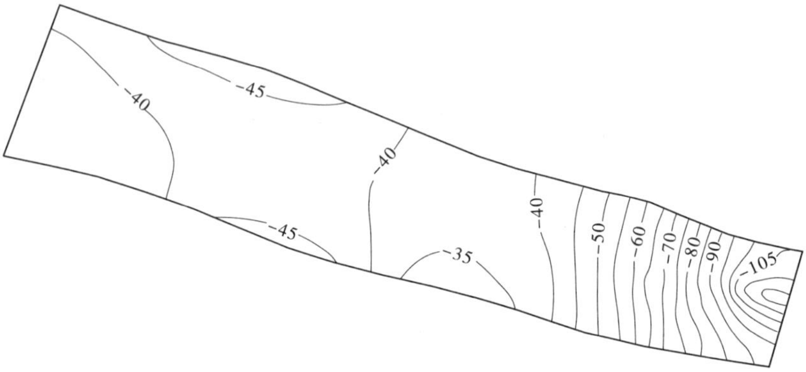

图 6-34 113120 工作面疏干后等水位线

表 6-19 不同开采工作面正常涌水量预测结果

工作面	111070	113090	113110	113120
正常涌水量(m^3/h)	490	350	560	590

此外,此次研究也预测了王河煤矿不同开采水平下的最大涌水量。预测方法如下:在区域模型中,降水量取最大年降水量,矿井排水量取各煤矿最大涌水量,预测地下水流场,得到局部模型的边界流量。然后,运用局部模型对开采范围内水位降到安全水位时的最大涌水量进行预测,预测结果见表 6-20。

表 6-20 不同开采工作面最大涌水量预测结果

工作面	111070	113090	113110	113120
最大涌水量(m^3/h)	690	490	790	830

从涌水量预测结果可以看出,研究区中上寒武—奥陶系含水层中的水是可以疏降的,通过采取疏水降压措施进行安全开采是可行的。

此外,由于地下水位观测孔的空间分布不足以精确控制研究区含水层的渗透结构,致使参数有所偏差。模拟时把顶部边界概化为隔水边界,导致计算区补给量有所减少,因此实际涌水量可能比预测涌水量大。

第 7 章　一$_1$ 煤层开采水害防治措施

7.1　水害防治现状分析

7.1.1　一$_1$ 煤层开采主要的水害问题

王河煤矿开采石炭系太原组一$_1$ 煤层，煤层顶板的 L_{1-3}灰岩含水层和间接底板奥灰强含水层为矿井的直接充水水源。顶板 L_{1-2}灰岩厚度平均为 10 m 左右，岩溶发育程度一般，除浅部风化带及断裂带附近岩溶较发育和富水性较强外，其余地区岩溶不太发育，富水性较差，故顶板水害问题不太严重。但 L_{1-2}灰岩距离奥陶系灰岩较近，与一$_1$ 煤底板奥灰水水力联系密切。而奥灰含水层岩性为白云质灰岩和厚层状石灰岩组成，厚度为 141.86 ~ 204.95 m，裂隙、溶洞等岩溶现象发育，富水性强。另外，奥灰岩溶水处于荥巩岩溶水系统的山前强径流—排泄带上，区域岩溶发育，补给面积大，补给充足，导致矿区奥灰含水层承压水头高。随着采掘深度增加，煤层底板承受的水压增大，突水危险越来越大。目前(2008 年年底)，西翼 106 采区开采标高 -50 m 左右时承压水水压为 0.2 MPa 左右；东翼 109 采区最大承压水水压达 1.11 MPa，111 采区最大承压水水压达 1.21 MPa，113 采区现采工作面标高为 -80 m 左右时承压水水压为 0.29 MPa。煤层底板与奥灰之间的隔水层厚度平均仅为 9.15 m，底板隔水能力有限，在采动影响下，隔水层易受到破坏，失去隔水作用；矿区构造裂隙十分发育，大裂隙常能将煤层及顶底板含水层相互沟通。这些都可能引发矿井突水，影响工作面的正常开采和生产的安全。除了顶底板岩溶水水害问题，王河煤矿西部和西北部有个别生产小煤窑及废弃小煤窑的老空积水对王河煤矿安全生产也有一定的威胁。所以，王河煤矿的防治水工作非常严峻和艰巨。

7.1.2　主要水害防治措施及效果

鹤煤集团公司王河煤矿防治水的主导方针是“预防为主，防治结合”。运用高科技手段“科学找疑，科学治水”。水害预测预报体系坚持“预测预报，有疑必探，先探后掘，先治后采”的防治水原则，根据不同的水文地质条件，分别制定相应的防、探、堵、截、排等综合防治措施。

7.1.2.1　井下防水

井下防水是指充分利用物探和钻探相结合探查井下工作面的各种水害情况，并采取相应的防范措施。如对井下水文地质条件复杂的巷道掘进时采取的措施。

(1) 对凡具备物探条件的掘进巷道进行物探，对前方进行预测预报。物探手段包括直流电法和瞬变电磁法，可以探查井田奥灰顶面以下导水构造、岩溶裂隙发育情况和富水性，探明煤层底板隔水层的厚度、岩性及层次组合关系。物探结果显示有低阻异常（富水)区域时,再及时用探水钻探水。如钻探验证为富水区,原则上对底板进行加固、预留防水煤柱或对含水层进行预注浆处理。若富水量较小,则采取疏水降压的方式。

目前,王河煤矿已采取直流电法和瞬变电磁物法探测了多个工作面以下奥灰含水层的富水性,如对106010、106030、109020、109070、111070、113100等工作面采用物探超前探测到底板以下富水异常区,为各工作面超前防范,采取有效的防治水措施提供了科学依据。

(2)由于受外界因素的干扰,物探结果显示为不富水区域,而工作面出现透水征兆(巷道挂红、挂汗、空气变冷、出现雾气、顶板淋水或出现底板鼓起渗水,炮眼出水等)时,则立即停止掘进,用探水钻探水后,再掘进。

(3)巷道掘进或工作面回采过程中,发现裂隙、断层时详细记录,做好水文地质预报记录。有涌水时,准备相应的排水设施,并派专人看守,以防突水堵截施工人员。

(4)严格执行"三不放炮"制度,即:炮眼或掘进工作面有出水征兆时不放炮,超前距不够或偏离方向时不放炮,掘进工作面支架不牢固或空顶距超过规定时不放炮。

(5)严格掌握巷道方向,沿探水孔中心线掘进,保证巷道在探水钻孔控制的安全范围,因地质变化巷道需要偏离时,则补充探水钻孔。

7.1.2.2　井下探水

井下探水是矿井防治水的重要措施之一,是指对生产矿井周围富水区及水文地质复杂的可能产生水害的疑问区进行探放水,查明采掘工作面前方的水情,并将水有控制的放出,以保证采掘工作面安全生产。

通常采掘工作面遇到下列情况时进行探水:接近水淹或可能积水的井巷、老窑或相邻煤矿时;接近含水层、导水断层、溶洞水和导水陷落柱时;打开隔离煤柱放水时;接近可能与地表水、水井等相通的断层破碎带时;接近有出水可能的钻孔时;接近有出水可能的灌浆区时;接近水文地质复杂的区域,并有出水征兆时;底板原始导水裂隙有透水危险时;接近其他有可能出水地区时。

在探水前和探水过程中应注意的问题和采取的措施:加强探水工作面的支护,以防高压水冲垮煤壁和支架;清理巷道,挖好排水沟,检查排水系统,根据预计的出水量安装足够能力的排水设备,并能随时投入运行状态;预计水压较大的地区,探水钻进之前,先进行耐压试验,达到设计承受的水压后方可钻进;钻进时,发现煤岩松软,片帮、来压或钻眼中水压、水量突然增大等异常情况,停止钻进,但不得拔出钻杆,并派人到现场观察监测水情,如发现情况危急,应立即撤出所有受水威胁地区的人员,然后采取相应措施;当探水工作面有瓦斯和有害气体释放时,停止钻进,切断电源,撤出人员,采取通风措施,进行处理;钻探人员对每个钻孔的进度尺寸,做详细记录,并填写探水报表。

目前,王河煤矿对物探查明的富水异常区在工作面回采时进行了探放水措施:如针对113100工作面采用瞬变电磁和直流电法探测到的4个低阻异常(富水)区打了4个钻孔进行探放水,其中2号孔钻深40 m出水,出水量20 m^3/h;3号孔钻深27 m出水,出水量40 m^3/h。

7.1.2.3　矿井堵水

王河煤矿采取的堵水措施包括注浆底板加固。通常对发生的出水量较大的出水点进行注浆堵水，以下列举的是具体的注浆堵水方案。

(1)2008 年 5 月，-162 m 水平大巷上辅巷在掘进时遇到 2.2 m 落差的正断层，断层带内岩石松软破碎，在支护过程中冒落，顶板出水，水量为 280 m^3/h。为了防治水害，保证上辅巷正常掘进，王河煤矿对其进行打钻注浆堵水。具体方案：首先在上辅巷以外打一道止水墙，长 5 m，墙内安装 4 根 6 寸导水管，长 8 m，并安装闸门。待墙体凝固结实后，即对导水管进行注浆，为了减少扩散半径，缩短工期，以注双液浆为主，保证巷道安全通过为目的。另外，在 -162 m 水平大巷施工注浆钻孔 4 个，止水效果良好。

(2)109070 工作面于 2007 年 8 月 12 日回采时发生底板突水，突水量约 500 m^3/h，9 月 10 日工作面上段回采时底板再次发生突水，突水量约 100 m^3/h，造成工作面被迫停产。为了恢复该工作面生产，王河煤矿于 9～12 月对此工作面进行注浆堵水。具体的打钻注浆工程量：钻孔 25 个，进尺 1 840.9 m，注浆量 1 187.4 m^3，其中水泥 947.4 t，水玻璃 60 t，骨料 180 m^3，膨胀颗粒 1 000 kg，黄豆 250 kg，玉米 500 kg，塑料食品袋 3 万个。实施注浆堵水工程后，109070 工作面 8～12 出水点实测出水量为 37 m^3/h，注浆堵水效果显著。

(3)111 泄水巷在掘进施工到 140 m 时煤层底板变软，有出水现象，出水量约 5 m^3/h。为了安全掘进，防止水害，决定对底板打钻注浆加固。根据底板及出水情况制定加固方案为：在 111 泄水巷掘进头布置钻孔 3 个进行注浆工作。

(4)106030 工作面回风巷在掘进时煤层中出水，出水量为 180 m^3/h，打了 4 个注浆钻孔进行堵水。

(5)14050 工作面机巷在掘进施工时煤层底板出水，出水量总计 60 m^3/h。为了安全生产，防止水害，2007 年 10 月打了 5 个注浆钻孔堵水，并对 1 个裂隙直接注浆堵水。

以上注浆堵水效果良好，达到了水害防治的目的，保证了煤矿的安全生产。

7.1.2.4　矿井截水

井下局部地点一旦突水，为使其不致影响其他地区的生产和发生淹井事故，在涌水通道上，设置截水构筑物，以切断涌水通道。截水设施主要有防水门、防水墙、临时防水垛、留设防水煤柱等，王河煤矿在这方面取得了一定成效。

如各采区实施分区隔离，如东、西翼大巷口分别建了一道防水闸门，保证两翼水的隔离；东、西翼各留有隔水煤柱。

另外，汛期到来之前，受水威胁的采区下山关键部位准备足够的装泥土编织袋，其他采区突水时，用来搭建临时防水垛，以防水害事故扩大。

同时，在下列情况下通常留设防水煤柱：井田边界和相邻矿井分界处，煤层露出风化带，在地表水体、含水冲积层下和水淹区邻近地带，与强含水层有水力联系的断层或强导水断层接触的煤层，有大量积水的老窑和老空区，导水、充水的陷落柱与岩溶洞穴，分区隔离开采边界。

7.1.2.5　矿井疏放水

对于 L_{1-3} 含水层在采掘活动前，进行排水疏降，保证其水位降至开采标高之下。对于奥灰含水层，在隔水层承受的水压较小、突水水量不大或富水性不强的情况下采用矿井疏放水措施。

7.1.2.6　矿井排水

目前，王河煤矿在大巷 ±0 m 水平和 109 采区 −162 m 水平各设有一座永久性排水泵房，矿井目前总排水能力为 4 750 m^3/h，矿井排水能力基本能满足规程要求。大巷 ±0 m 水平中央泵房排水能力为 2 500 m^3/h，水仓有效容积为 4 000 m^3。配备 B122 − 60 × 4 水泵 7 台，单泵排水能力 546 m^3/h。在主井筒内布置 5 趟排水管路，其中 325 mm 的 4 趟，250 mm 的 1 趟。109 采区 −162 m 水平排水泵房排水能力为 2 250 m^3/h，设有有效容积为 8 200 m^3 的水仓。配备 MD450 − 60 × 8 水泵 6 台，其中 3 台为工作泵，2 台为备用泵，1 台为检修泵，单泵排水能力 450 m^3/h。铺设 3 趟直径为 325 mm 的排水管路，通过排水钻孔直排地面。

106 采区 −50 m 水平泵房排水能力为 1 200 m^3/h，水仓有效容积为 1 000 m^3，3 台泵，属于二级排水（排到 ±0 m 大巷）。

7.2　存在问题分析

（1）矿区区域水文地质研究程度不够。现有区域水文地质资料 3 份，即河南省煤炭科学研究所提交的《荥巩煤田水文地质条件及岩溶水防治研究报告》、河南省郑州地质工程勘察院编写的《河南省荥巩煤田荥阳市煤矿区矿井水资源评价报告》以及河南理工大学的《荥巩矿区一$_1$ 煤开采岩溶水分布运移规律与水害防治对策研究》。前人资料对矿井所在区域水文地质条件研究有一定借鉴作用，但区域地下水系统的补给范围及强度还有待进一步研究。

（2）王河矿区水文地质条件研究程度低。前人在王河煤矿开展的水文地质工作包括豫中地质勘察工程公司与河南省煤炭科学研究院共同完成的《王河煤矿矿井水综合评价水文地质报告》及 1993 年河南煤田地质局豫中勘探公司完成的《王河煤矿补勘地质报告》。矿区水文地质条件，如深部岩溶水含水层富水区（带）、导水通道和断层发育状况等，均有待详细探测。另外，缺乏目前开采水平下奥灰含水层的地下水动态及基础水文地质参数资料，从而不能为矿井涌水量的准确预报提供基础数据。

（3）王河矿西部（巩义县米河镇煤矿已与王河煤矿矿井沟通）与西北部（1 个）边界存在小煤窑越界开采问题，越界范围不清楚。

（4）矿井排水能力不足，需要进一步提高。王河煤矿目前设置有两处排水泵房，分别是井底车场附近的中央泵房和 109 采区 −162 m 水平排水泵房，矿井总排水能力达到 4 750 m^3/h。按照煤矿安全规程第 278 条规定，矿井排水能力最终应大于 8 000 m^3/h。因此，现有排水能力仍不能满足大巷 ±0 m 水平下山排水的需要。

7.3　水害防治对策建议

7.3.1　矿井防治水工作原则

根据《煤矿安全规程》和《矿井水文地质规程》等相关法律法规的要求，结合王河井田地质、水文地质条件和防治水工作现状，王河煤矿的防治水工作应该遵循以下原则：

(1)预防为主，有疑必探，探治结合，探采结合，先探后掘，先治后采。

(2)加强基础地质与水文地质补充性探查，井上探查手段以物探为主，钻探为辅；井下探测手段物探先行，钻探验证。井上下探测、监测与水文地质试验紧密结合。

(3)建立地下水水位、水质及水情动态监测系统，开展水位、水质及水情动态实时监测。

(4)随着采掘接替工程的进行，逐步完善矿井防排水系统和提高矿井排水能力。

(5)顶板灰岩水的防治以合理受控疏放为主，局部封堵加固为辅；对底板奥灰水，则采取疏水降压与堵水加固相结合的策略。

(6)探测和监控相结合，合理避让，防治小窑采空水及地面水水害。

7.3.2　奥灰水害的防治对策

7.3.2.1　水文地质基础工作

(1)区域水文地质动态观测。观测补给区代表性岩溶大泉（如庙子圣母池泉、小龙池泉等）的流量动态及矿区南部山前岩溶水水位动态（如申庄井、石井机井、张青岗机井等），及时了解矿区岩溶水补给条件，以便作出科学的防治措施。

(2)矿区水文地质动态观测。利用目前井下 7 个水文地质测压孔、2 个地面水文地质长观孔（花河井和矿区地面水文地质试验孔）建立奥灰含水层的水位（水压）长期观测系统，每月监测 3 次，突水后加密监测，及时掌握日常及突水后水位动态。同时对矿井排水量进行长期监测，详细监测各次突水事件中的突水地点、突水点标高、突水量、水压、隔水层厚度、突水通道等，与相邻矿区的技术人员协作，及时了解相邻矿区矿井突水和涌水情况，为预防和治理奥灰水害提供水文地质依据。

(3)利用已有的水位动态观测网，结合地面水文地质试验孔，进行抽（放）水试验，了解目前开采水平下奥灰含水层的水文地质参数，为矿井涌水量的准确预报提供基础数据。

7.3.2.2　井下水害防治对策建议

(1)对 106 采区、109 采区、113 采区的 3 个构造裂隙发育带的巷道进行掘进时一定要用物探方法超前探查富水区。

(2)对每个工作面特别是高阻区开采前先进行井下物探，查明富水区。对物探已探测出来的低阻异常区（富水区），结合工作面上的测压孔监测的压力值分别采取不同的防治措施。106010 和 113100 这两个工作面虽然用瞬变电磁法已探测到富水区，但煤层底板隔水层所承受的水压不大，可采取探放水措施疏水降压；对 111 采区，111070 以上的工作面可采取疏水降压方式，111070 以下的工作面承压水压力较大，要进行含水层注浆等底板加固措施；对 109070 工作面，隔水层所承受的水压超过安全临界值时，发生突水的危险性极大，不能安全开采，原则上应作为防水煤柱保存下来。由于前期已发生多次突水，含水层注浆堵水效果较好，因此对富水含水层还可进行预注浆处理。

(3)巷道掘进或工作面回采过程中，发现裂隙、小断层等构造或突水征兆时，必须停止掘进或回采，经探水确定无突水危险后，方能继续生产。对突水量大的工作面，则应停止开采，进行底板注浆处理。

(4)对每个采面都应施工奥陶—寒武系、石炭系岩溶地下水长期观测孔，建立矿区岩溶地下水动态观测网络，对水位、水质及矿井排水量进行监测。

(5)随着采掘工程的推进，应相应增大水仓容积、增建泵房和排水通道，形成"防、堵、疏、排、截"相结合和设施完善的防治水系统，提高矿井排水能力，保证矿井在发生大型突水事故后，能及时将水排出地面，不至于淹井或淹采区。利用106下山－150 m的排水泵房，施工巷道，实现矿井西翼106采区和108采区－150 m水平巷道的贯通，将108采区下山水引入到106采区－150 m排水泵房，然后排至地面。

(6)各采区实施分区隔离，建议在－150 m水平巷道的106采区与108采区之间，－162 m水平巷道109采区与111采区之间，109采区和106采区中部各建防水闸门一座。

(7)王河煤矿奥灰岩溶水是可以疏降的，但由于和荥巩矿区同属一个岩溶水系统，仅依靠王河矿区排水，不仅难以达到降压的目的，而且经济上不合理。对奥灰水仍要采取疏水降压和堵水相结合的策略。发生大型奥灰突水后，要坚决予以注浆封堵。井下具备施工条件时，则在井下注浆，否则在地面进行注浆。

7.3.3　L_{1-2}灰岩水害防治对策

L_{1-2}灰岩含水层富水性较差，补给有限，其补给主要来源于奥灰水的垂向补给，并与奥灰水水力联系密切。单纯以L_{1-2}灰岩岩溶水为水源的突水，突水量一般不大，突水持续时间较短。相对奥灰水水害来说，L_{1-2}灰岩岩溶水水害不严重。L_{1-2}岩溶水水害的防治仍以疏水降压为主，局部以封堵加固为辅。

7.3.4　老窑水害的防治对策

老窑水静储量大，水质差，来势凶猛，具有很大的破坏性，且伴随有很多有毒有害气体。为了保证安全，对矿区周围报废的老窑和生产小煤矿要进行详细地调查，报废的老窑要设法及时填平，无法填平时应加高井口，防止降雨或山洪进入矿井而影响安全。

王河煤矿106采区深部的井田边界附近、108采区西南部及西部的井田边界处的小煤窑，存在跨越王河井田边界采煤现象，采空区积水是威胁两采区的安全生产的重要隐患。因此，需根据相邻小煤窑和该矿的采空区、废巷的位置采用物探与钻探相结合的手段，查明积水范围，圈定积水边界线，定出警戒线和探水线。当巷道到达警戒线时要注意迎头有无异常变化，若发现有透水征兆，应提前探放水；若无异常，则继续前进，到达探水线位置时作为正式探水起点。若老窑区被强含水层或其他水源所淹没，且出水点动力补给量大，应先堵住出水点后再进行探放水。

除采用地面瞬变电磁或地震手段查明采空区及积水范围外，建议在106采区下山－150 m排水泵房、108采区设计或施工时必须留足防水煤柱。

7.3.5　地面水害防治对策

矿井涌水的地面水源有大气降水和地表水，大气降水在矿区南部山区直接入渗，再通过侧向径流补给矿区岩溶水，同时可以通过地表裂隙等其他通道直接进入井下。大气降水对矿井涌水影响规律性强。地表水指地面江、河、湖、泊、坑等的积水通过矿井回采时造成的地面塌陷裂隙、断层、井巷等通道进入井下，防止地面水害必须根据矿井范围的地形、水文和气象条件，制订合理的地面防排水措施。

(1)堵塞通道。在采空区补充地表水文地质调查，了解采空区塌陷形成的积水洼地的积水范围及变化情况，对井田范围内的塌陷区要定期检查地面裂缝的开裂情况，对可能以导水裂隙带沟通的裂缝必须及时充填。每年雨季之前必须对矿井所有塌陷区进行一次全面检查，发现有新的裂缝必须定期观测，及时充填，每次充填结束后要组织有关人员进行验收，以防地表水或大气降水直接或间接流入井下。

目前，矿区南部申庄及关地沟一带的采空区地表已出现明显裂缝，局部地区出现黄土塌陷，这些裂缝不仅对当地老百姓的生活造成影响，而且构成矿区良好的充水条件，因此建议全面检查及时充填。

(2)密切观测地面河流、水库、自然沟的水量，在河流上下游分别设置水量观测站，对于流量不大或间歇性地流往矿区井田河流且有渗入井下的地段，进行整铺治理，可用黏土、三合土、水泥或料石修筑不透水的人工河床，制止或减少河水渗漏。王河煤矿南部任洼水库存在间歇性渗入地下的问题，从而可能通过河床渗入井下，因此对河道应进行整铺治理。

(3)收集气象资料，5月底以前制订年度雨季“三防”工作计划，以及防汛应急救援预案，做好洪水水害预测预报。

第 8 章　结论与建议

8.1　主要结论

8.1.1　关于区域水文地质条件的认识

(1)研究区区域岩溶水系统是一个四周基本封闭的系统,边界条件清楚,柳树沟断层、五指岭断层、郭小寨断层、荥巩背斜、地表水和地下水分水岭等构成了系统的边界,与外界基本没有侧向水量交换。

(2)区域岩溶水主要赋存于下寒武统辛集组厚层状灰岩和白云岩、中寒武统张夏组厚层鲕状灰岩和白云质灰岩、上寒武统—中奥陶统马家沟组白云岩、灰岩岩溶裂隙含水层中,厚度为900 ~1 300 m。寒武—奥陶系灰岩广泛出露于南部山区,出露面积为283 km^2,地表岩溶裂隙发育,有利于大气降水入渗补给,构成区域岩溶水系统的补给区。到山前丘陵地区(矿区)寒武—奥陶系灰岩隐伏于石炭系本溪组地层之下。奥陶系灰岩岩溶十分发育,富水性强,是一$_1$煤层底板直接充水含水层。山前丘陵地区东西向构造发育,构成了岩溶水地下强径流带,成为岩溶水径流—排泄区。天然状态下,岩溶水接受大气降水补给后,自南向北、自西向东径流,经过新中—三李一带的岩溶水强径流带,在三李一带以岩溶大泉的方式向外排泄。目前条件下,岩溶水主要以矿井排水的方式排泄,其次在山区沟谷地带以泉的方式排泄,同时有少量零星的人工开采。

(3)岩溶水水位受山区大气降水和矿区矿井排水的双重影响,属于气象—开采型和径流—开采型动态类型。在矿井长期疏干排水的影响下,山前岩溶水水位呈整体阶梯状下降趋势,表明补给小于排泄,岩溶水系统处于水量负均衡状态。

(4)根据研究区岩溶水地下水流场分布,结合岩溶泉水样和矿井水样的水化学与同位素特征分析,得出研究区岩溶地下水流动可以划分为两个层次,即局部流动系统和区域流动系统。庙子泉和小龙池泉等泉为典型的局部流动系统的排泄点。局部流动系统中地下水流动快,水交替迅速,地下水平均滞留时间短,因此水化学特征以低矿化度的 HCO_3 - Ca(Mg)型水为主;区域流动系统地下水流程长,流动比较缓慢,平均滞留时间长,水中 SO_4^{2-} 含量及矿化度增高,Sr^{2+}/Ca^{2+} 值高,显示水岩作用时间增长。荥巩矿区处于区域流动系统的排泄区,同位素计算结果显示,荥巩矿区最低补给高程范围在 309 ~686 m,其中新中—王河矿补给范围最大。王河煤矿补给范围为徐庄组地层以上的中寒武统张夏组、上寒武统及中奥陶统灰岩出露的范围。

(5)区域岩溶发育受岩性、构造、水动力条件等控制显示一定的规律:在山区灰岩裸露区,岩溶主要发育在辛集组厚层状灰岩、张夏组厚层鲕状灰岩中,且往往发育在可溶岩与不可溶岩地层交界处及构造发育地带;矿区主要为埋藏型灰岩,山前奥陶系灰岩浅埋区岩溶较发育，新中—王河—徐庄—三李一带是岩溶水强径流带和富集带，王河矿所在位置是山前奥灰含水层最富水的区域，因此王河矿是水文地质条件最复杂的矿井之一。

8.1.2　关于王河及相邻矿井水文地质特征及充水条件的认识

（1）王河矿井及相邻的较大生产矿井（大峪沟、新中、徐庄、中原煤矿等）主采一$_1$ 煤层，煤层顶板为太原组 L_{1-2}灰岩含水层，煤层底板分布有奥灰强含水层，底板本溪组泥岩隔水层厚度为 8 ~ 10 m，隔水能力有限。新中—王河—徐庄—三李一线的岩溶水强径流带岩溶发育，连通性好，具有统一的水力联系。

（2）新中矿和王河矿矿井排水量最大，占全矿区总排水量的 50% ~ 60%，在新中矿西翼到王河矿之间，已经形成岩溶水的水位降落漏斗，漏斗中心最低水位 －30 m 左右。王河矿区漏斗中心在现采区 111 采区 －155 m 水平附近。

（3）受矿井涌水量的影响，王河、新中矿一带岩溶水位呈多年持续下降趋势，矿井排水以消耗系统的储存资源为主，充分说明该区奥灰水是可以疏降的。但由于各井田、各矿井的岩溶水同属于一个岩溶水系统，具有统一的渗流场，仅靠个别矿井大量排水很难达到疏水降压的目的，经济上也不合算。岩溶水水位在多年逐年下降的大趋势下，受降雨的影响，年间有上下波动，总体呈现集中补给、常年消耗的特点。

（4）各矿井一$_1$ 煤层顶板直接充水含水层为太原组 L_{1-2}灰岩岩溶含水层，由于该层厚度薄，出露面积有限，故补给不太充足，其造成的水害较底板奥灰水轻。但 L_{1-2}灰岩水与奥灰水有一定的水力联系。一$_1$ 煤层底板之下 8 ~ 10 m 分布的奥陶系灰岩岩溶十分发育，富水性强，承压水头高，构成煤层底板的直接充水含水层。裂隙和断层等构造发育带为矿井充水的主要途径。

（5）王河矿 ±0 m 水平下山顶底板岩溶水水害较上山严重，开采上山时虽然多次发生突水，但量不大。采掘转入到 ±0 m 水平下山以来，相继发生了几次大型突水，并造成 113 采区和 111 采区被淹。因此，随着开采深度的继续增大，底板承受水压越来越大，水害问题更加突出。受矿区构造裂隙带的控制，突水点主要分布在 113 采区、109 采区、±0 m 大巷及 106 采区。目前的突水主要集中在 109070 工作面、109 采区 －162 m 大巷、113100 工作面及靠近 108 采空区的 14050 泄水巷。

8.1.3　王河矿井突水危险性评价

采用突水系数法结合矿区奥灰含水层的富水性对王河矿 ±0 m 开采水平以下一$_1$ 煤层底板突水危险性进行评价，评价结果为：

（1）突水极危险区：王河矿西翼 －150 m 开采水平以上的全部区域，该区富水性极强，水压大；109070 工作面物探低阻区和注浆区、±0 m 大巷裂隙带 －100 m 开采水平以上范围和 109 采区发育的北北东向条带状裂隙密集区，这些区域富水性强，岩溶裂隙发育，且发生多次突水，突水量多大于 100 m^3/h，最大突水量达 500 m^3/h；106 采区北边界处的花河煤矿、108 采区南部和西部分布多个小煤窑，因其均有跨越王河井田边界采煤行为，则老空水对 106 采区、108 采区构成突水威胁。

（2）突水危险区：包括 －100 ~ －150 m 开采水平除极危险区和 113 采区外的全部区

域，该区水压中等，中型突水在该区发生率较高；106 采区裂隙密集区、-100 m 开采水平以下 ±0 m 大巷裂隙带和 111070 物探低阻区和其他零星分布的物探低阻区，该区水压中等，富水性强，突水量大；106 采区已发生多次大型突水，最大突水量为 1 500 m^3/h。

（3）突水一般危险区：±0 ~ -100 m 开采水平除极危险区和较危险区外的全部区域，该区水压较小，突水强度低；113 采区 -100 ~ -150 m 开采水平，该区富水性较差，构造裂隙较发育，发生小型突水，突水强度低，一般不超过 60 m^3/h。

8.1.4　区域渗流场模拟及矿井涌水量预测

（1）区域渗流场模拟结果表明，2007 年区域降水入渗补给量为 1 831.12 m^3/h，排泄量为 4 862.87 m^3/h，总的水均衡量为 -3 031.75 m^3/h。

（2）王河矿区均衡计算结果表明，2007 年降水入渗补给量为 422.32 m^3/h，排泄量为 1 021.42 m^3/h，总的水均衡量为 -599.10 m^3/h。

（3）根据近年来王河煤矿的开采规划，对不同开采工作面的正常涌水量和最大涌水量进行预测，预测结果：111070 工作面开采正常涌水量和最大涌水量分别为 490 m^3/h 和 690 m^3/h，113090 工作面开采正常涌水量和最大涌水量分别为 350 m^3/h 和 490 m^3/h，113110 工作面开采正常涌水量和最大涌水量分别为 560 m^3/h 和 790 m^3/h，113120 工作面开采正常涌水量和最大涌水量分别为 590 m^3/h 和 830 m^3/h。涌水量预测结果表明，研究区中上寒武—奥陶系含水层中的水是可以疏降的，采取疏水降压措施可以实现安全开采。

8.1.5　关于王河煤矿水害防治方面的认识

（1）王河煤矿开采石炭系太原组$一_1$ 煤层，煤层顶板为 L_{1-3}灰岩含水层，间接底板为奥灰强含水层，煤层底板与奥灰之间的隔水层铝土质泥岩厚度平均为 9.15 m，由于底板隔水层厚度不够，易造成奥灰突水淹井事故。王河煤矿处于荥巩岩溶水系统的山前强径流—排泄带上，岩溶水丰富，水压大。除了底板岩溶水水害问题，王河矿西部和西北部有个别生产小煤窑及废弃小煤窑的老空积水对王河矿安全生产也有一定的威胁，所以王河煤矿的防治水工作非常严峻。

（2）王河煤矿坚持“预测预报，有疑必探，先探后掘，先治后采”的防治水原则，根据不同的水文地质条件，分别制定相应的探、防、堵、截、排等综合防治措施。目前，王河煤矿在开展补充性的地质与水文地质条件调查的基础上，结合井下物探和钻探等勘探工作，查明了现采工作面$一_1$ 煤层底板奥陶系灰岩含水层的富水性，建立岩溶水位（水压）长期观测网，为今后的水害防治工程奠定了扎实的基础。在防治水工程方面，对几个突水点进行注浆堵水措施，取得了良好的效果。

（3）王河煤矿今后防治水的重点是底板奥灰水，建议对奥灰含水层首先用物探方法超前探查富水区。对物探已探测出来的低阻异常区（富水区），结合工作面上的测压孔监测的压力值分别采取不同的防治措施。对底板隔水层所承受的水压不大的，可采取探放水措施疏水降压；对承压水压力较大的，要进行含水层注浆等底板加固措施；对隔水层所承受的水压超过安全临界值时，发生突水的危险性极大，应作为防水煤柱保存下来。

8.2　主要建议

(1)随着采掘深度的增加,王河煤矿水文地质条件相比以前大大改变,前人的一些水文地质参数已不适用目前的条件,因此为满足今后矿井防治水工作的需要,必须采用物探、钻探、地面与井下水文地质观测、抽水试验与放水试验等多种勘探手段,对矿区及采区工作面水文地质条件进行深入研究。

(2)防治水工程要符合疏放和堵水相结合的方针,即对顶板灰岩水采取疏放的方法,将小型奥灰水突水点作为疏放点,对影响安全生产的大型奥灰水突水点,则坚决予以注浆封堵。

(3)荥巩矿区奥灰含水层富水性一般,补给范围为徐庄组地层以上的中寒武统张夏组、上寒武统及中奥陶统灰岩出露的范围,补给量有限,可疏干性较好。各煤矿若能联合起来,共同采取疏水降压的防治水措施,可以大幅度地降低岩溶水水位(水压)。

(4)王河煤矿一$_1$煤顶底板含水层之间的水力联系程度有待进一步研究,最好结合地面水文地质勘探孔进行顶底板含水层水位的分层观测。另外,水样应在突水点处采取,目前采集的矿井水大多为混合水。建议通过连通试验研究各含水层的水力联系及岩溶管道的连通性。

参 考 文 献

[1] 河南省水文地质工程地质勘察院. 河南省荥巩煤田荥阳市煤矿区矿井水资源评价报告[R]. 郑州：河南省水文地质工程地质勘察院，2006.

[2] 河南理工大学资源环境学院. 荥巩矿区一$_1$煤开采岩溶水分布运移规律与水害防治对策研究[R]. 郑州：河南理工大学资源环境学院，2007.

[3] 河南省煤炭科学研究所. 荥巩煤田水文地质条件及岩溶水防治研究报告[R]. 郑州：河南省煤炭科学研究所，1991.

[4] 豫中地质勘察工程公司，河南省煤炭科学研究所. 荥阳县王河煤矿矿井水(O_2、L_2)综合评价水文地质报告[R]. 郑州：豫中地质勘察工程公司，河南省煤炭科学研究所，1991.

[5] 卜昌森，张希诚，等. "华北型"煤田岩溶水害及防治现状[J]. 地质评论，2001(4)：405-410.

[6] 刁良勋. 河南三李煤矿区构造发育规律及成因探讨[J]. 中国煤田地质，2007，19(4)：18-20.

[7] 徐培，张晶. 大峪沟井田滑动构造研究[J]. 中国煤田地质，2007，19(2)：11-13.

[8] 王芬芝，陈晓国. 米村煤矿开采一$_1$煤层水文地质浅析[J]. 中州煤炭，2007(6)：41-42，71.

[9] 王红喜. 鹤壁六矿主要含水层水文地质特征及水质分析[J]. 中州煤炭，2004(1)：18-19.

[10] 吴雨顺，李新云，等. 河南荥巩矿区岩溶水发育规律研究[J]. 中国煤炭地质，2008，20(5)：37-41.

[11] 段玉成，黑磊，等. 环境同位素在邢台煤矿放水试验中的应用[J]. 煤田地质与勘探，1994，22(1)：33-37.

[12] 王增银，刘娟，等. 延河泉岩溶水系统 Sr/Mg、Sr/Ca 分布特征及其应用[J]. 水文地质工程地质，2003(2)：15-19.

[13] 田荣和，杨俊英. 豫中荥巩煤田大峪沟矿区水环境评价[J]. 中国煤田地质，1992(4)：58-62，68.

[14] 中华人民共和国卫生部，中国国家标准化管理委员会. GB 5749—2006　生活饮用水卫生标准[S]. 北京：中国标准出版社，2006.

[15] 潘国营，庞冯秋. 浅析荥阳王河煤矿突水原因[J]. 能源技术与管理，2008(5)：28-30.

[16] 王家海，等. 王河煤矿煤层发生矿井突水的灰色风险评价[J]. 地下空间与工程学报，2008(6)：1157-1160，1168.

[17] 管恩太，武强，冀焕军，等. 煤矿底板突水的多源地学信息复合模型研究——以焦作演马庄矿为例[J]. 工程勘察，2001(4)：18-20.

[18] 白云来. 矿井底板承压水突水特征与防治措施研究现状[J]. 矿业快报，2008(8)：10-13.

[19] 赵玉琳，尹世才，王海泉. 奥陶系灰岩富水区带划分的综合水文地质研究[J]. 煤炭技术，2008，27(11)：114-115.

[20] 潘国营，聂新良，王长文. 焦作矿区底板岩溶突水特征与预测[J]. 焦作工学院学报，1999，18(2)：89-92.

[21] 易伟欣，刘保民. 米村矿一$_1$煤底板奥灰水突水危险性分析[J]. 河南理工大学学报(自然科学版)，2007，26(2)：146-151.

[22] 易伟欣，王恩营. 米村矿一$_1$煤小断层密集带对突水的控制作用及分布预测[J]. 中国煤田地质，2007，19(1)：42-44.

[23] 牛向东，张运霞，韩自豪，等. 瞬变电磁法在探测导水通道中的应用[J]. 山东科技大学学报(自然科

学版),2005,24(2):31-34.
[24] 鲍道亮,连斌.物探技术在矿井防治水中的应用[J].龙岩师专学报,2003(6):61,67.
[25] 高致宏,王彦红,陈青峰.工作面富水区探测与矿井电法——音频电透视在工作面富水区探测中的应用效果[J].煤田地质与勘探,2002,30(4):51-54.
[26] 周建雄,周韬,韩自豪.瞬变电磁法在煤矿水害防治中的应用[J].中州煤炭,2005(3):9,11.
[27] 王录合,王新军.瞬变电磁技术探测含水层富水性的研究与应用[J].矿业安全与环保,2007,34(4):46-48,54.
[28] 陶文朋,等.瞬变电磁法在探测煤矿采区导(富)水性中的应用[J].能源技术与管理,2009(3):1-3.
[29] 姚馨,雷忠林.瞬变电磁法在煤矿水患区预测中的应用[J].中国煤炭地质,2008(4):67-68,77.
[30] 武强,陈明佑,田开铭,等.中国华北型煤田矿坑涌水量预测的"准三维"数值模型研究[J].地球科学——中国地质大学学报,1992,17(1):87-94.
[31] 毛邦燕.复杂岩溶介质矿井涌水量的三维数值模拟研究[D].成都:成都理工大学,2005.
[32] 韩程辉,刘文生.地下水模拟系统(GMS)与矿井防治水[J].矿业安全与环保,2005,32(1):25-26,41.
[33] 刘国,毛邦燕,等.合山煤田矿井涌水量的数值模拟探讨[J].地质与勘探,2007(4):98-103.
[34] 赵宝峰,康卫东,祝田多娃,等.抽水试验和长观水位联合模拟确定含水层参数[J].吉林大学学报(地球科学版),2009(3):482-486.
[35] 钱家忠,汪家权.中国北方型裂隙岩溶水模拟及水环境质量评价[M].合肥:合肥工业大学出版社,2003.
[36] 束龙仓,王茂枚,刘瑞国,等.地下水数值模拟中的参数灵敏度分析[J].河海大学学报(自然科学版),2007,35(5):491-495.
[37] 郭飞,朱学愚,刘建立,等.山东淄博裂隙岩溶水中污染物运移的数值模拟及治污措施[J].水利学报,2004(7): 57-63.
[38] Zhu Xueyu, Liu Jianli, Zhu Junjie, et al. Characteristics of distribution and transport of petroleum contaminants in fracture - karst water in Zibo Area, Shandong Province, China[J]. Science in China(Series D), 2000, 43(2): 141-150.
[39] Qian Jiazhong, Zhan Hongbin, Wu Yifeng, et al. Fractured - karst spring - flow protections: A case study in Jinan, China[J]. Hyrogeology Journal, 2006(14): 1192-1205.
[40] Lenhart T, Eckhardt K. Comparison of two different approaches of sensitivity analysis[J]. Physics and Chemistry of the Earth, 2002, 27(3): 645-654.
[41] Huang Y C, Yeh H D. The use of sensitivity analysis in on - line aquifer parameter estimation [J]. Journal of Hyrology, 2007, 335(3 - 4): 406-418.
[42] Yeh W W - G. Review of parameter identification procedures in groundwater hydrology: the inverse problem [J]. Water Resources Research, 1986, 22(2): 95-108.
[43] 李现民.王河煤矿水文地质分析及矿井水害防治对策[J].中州煤炭,2008(4):76-77.
[44] 宋佩德,李公明.三李煤矿突水因素分析及堵水工艺探讨[J].中国煤田地质,2002,14(3):46-47.
[45] 卢纪周.王河煤矿充水因素分析及防治水措施[J].中州煤炭,2006(4):90-91.
[46] 罗绍河,宋延斌.王河煤矿矿井突水特征与防治水对策[J].河南理工大学学报(自然科学版),2007,26(6):618-623.
[47] 李新云.王河煤矿突水规律分析及矿井防治水对策[J].中州煤炭,2008(1): 75-76.
[48] 宋海民,董家国.荥巩矿区矿井充水特征及防治水对策[J].中州煤炭,1993(2):14-17.
[49] 李新云,李现民,郝林杰.荥巩矿区浅部水文地质特征及奥灰水防治对策[J].中州煤炭,2008(3):

113-114.
[50] 赵苏启. 郑州矿区奥灰—寒灰水害与防治技术[J]. 煤炭科学技术,2002,30(5):4-6.
[51] 牛森营. 郑州矿区一$_1$煤开采水害防治研究[J]. 煤炭工程,2007(4):48-50.
[52] 陈彦美,陈植华,王涛. 福建省某铁矿岩溶水疏干试验方案优化设计[J]. 金属矿山,2008(4):27-30.
[53] 应文亮. 谭家山矿区地下水系统分析与矿井水的防治[J]. 湘潭矿业学院学报,1987(1):90-96.
[54] 吕康林,赵开全. 异常涌水量的模糊数学预测方法[J]. 地质科技情报,1990,9(1):91-98.
[55] 尚水平. 河南荥阳王河煤矿矿井水害分析与防治[J]. 山东煤炭科技,2008(5):165-166.
[56] 赵云章,朱中道,等. 河南省地下水资源与环境[M]. 北京:中国大地出版社,2004.
[57] 河南省地质矿产勘查开发局水文地质二队. 郑州市新中煤矿排供水源地扩大开采资源初步评价报告[R]. 郑州:河南省地质矿产勘查开发局水文地质二队,1995.
[58] 李新云,吴雨顺,尚水平. 浅谈动水封堵突水过水巷道及注浆技术[J]. 山东煤炭科技,2007(5):42-43.
[59] 靳利民. 工作面动水注浆封堵奥灰水技术探讨[J]. 中州煤炭,2008(5):113-114.
[60] 吴征亮,王云基,凡鹏. 复杂水文地质条件下工作面开采的水害防治[J]. 煤炭技术,2008,27(3):86-88.
[61] 刘宏江,王红军,张彦宾. 谷山井突出煤层井筒揭煤防突试验分析[J]. 煤矿现代化,2008(3):29-30.